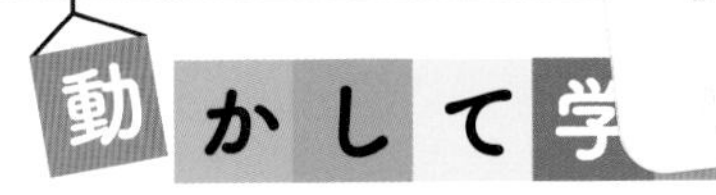

Python（パイソン） FastAPI（ファストエーピーアイ） 開発入門

中村 翔［著］

本書内容に関するお問い合わせについて

このたびは翔泳社の書籍をお買い上げいただき、誠にありがとうございます。
弊社では、読者の皆様からのお問い合わせに適切に対応させていただくため、以下のガイドラインへのご協力をお願い致しております。
下記項目をお読みいただき、手順に従ってお問い合わせください。

ご質問される前に

弊社Webサイトの「正誤表」をご参照ください。これまでに判明した正誤や追加情報を掲載しています。

正誤表　https://www.shoeisha.co.jp/book/errata/

ご質問方法

弊社Webサイトの「刊行物Q&A」をご利用ください。

刊行物　Q&A　https://www.shoeisha.co.jp/book/qa/

インターネットをご利用でない場合は、FAXまたは郵便にて、下記翔泳社愛読者サービスセンターまでお問い合わせください。電話でのご質問は、お受けしておりません。

回答について

回答は、ご質問いただいた手段によってご返事申し上げます。ご質問の内容によっては、回答に数日ないしはそれ以上の期間を要する場合があります。

ご質問に際してのご注意

本書の対象を越えるもの、記述箇所を特定されないもの、また読者固有の環境に起因するご質問等にはお答えできませんので、あらかじめご了承ください。

郵便物送付先およびFAX番号

送付先住所	〒160-0006　東京都新宿区舟町５
FAX番号	03-5362-3818
宛先	（株）翔泳社　愛読者サービスセンター

※本書に記載されたURL等は予告なく変更される場合があります。
※本書の対象に関する詳細はVIページをご参照ください。
※本書の出版にあたっては正確な記述につとめましたが、著者や出版社などのいずれも、本書の内容に対してなんらかの保証をするものではなく、内容やサンプルに基づくいかなる運用結果に関してもいっさいの責任を負いません。
※本書に掲載されているサンプルプログラムやスクリプト、および実行結果を記した画面イメージなどは、特定の設定に基づいた環境にて再現される一例です。
※本書に記載されている会社名、製品名はそれぞれ各社の商標および登録商標です。
※本書の内容は、2023年5月執筆時点のものです。

はじめに

FastAPIは、最近人気のPython製軽量Webフレームワークです。これまでもFlaskやBottleといったマイクロフレームワークが存在していましたが、Web APIの提供、すなわち画面描画を行わず、SPA（Single Page Application）などから呼び出す、あるいは別のWeb APIやバッチから呼び出して何らかの処理をすることが最も得意なフレームワークです。

本書では、Dockerを利用してFastAPIアプリを作成します。Dockerの利用により、第3章にて詳しく紹介するように独立した環境でFastAPIを動かすことができ、またその環境をそのまま本番環境としてクラウドプラットフォームにデプロイ（配備）を行うことが可能になります。

本書では、本番環境を想定して実践的にアプリを書いていきます。単に動かして終わり、作りっぱなし、ではなく、本書で学んだノウハウを活かしていただくことで、実務に使える息の長いアプリを作っていただけるように心がけました。

本書は大きく3部構成になっています。Part1では、「開発環境とFastAPIの準備」として、FastAPIやDockerの説明と準備を行っていきます。Part2で、実際にデモアプリとしてToDoアプリを実装していきます。Part3では、本番環境を想定したクラウドプラットフォームとして、AWSおよびGCPへのデプロイを行います。

FastAPIへの思い

ここで突然ですが、著者の私が本書をしたためることになった経緯を記しておきたいと思います。

私は株式会社sustenキャピタル・マネジメントというFinTechのスタートアップを共同創業し、エンジニアとして実務を行っています。会社でサービス開発を行うにあたり、最初に技術選定を行いました。まず始めに会社では機械学習などの技術を扱うことがある、また創業メンバーの全員が大学院の研究室時代からPythonに慣れ親しんでいた背景があり、バックエンド開発のフレームワークをPythonにしようということに決まりました。次に、インターネットを通して資産運用サービスを提供することになったため、同じく共同創業者でエンジニアの相棒である益子と「Webフレームワークは何にしよう？」という話をしました。2人とも昔からFlaskの経験はあったのですが、「最近FastAPIというのがあるらしいぞ。しかも、パフォーマンスとしても十分高速らしい」、ということで選定に至ったのがきっかけです。また、もともとSwagger UIを使ったことがあったのですが、FastAPIでは定義ファイルを書かずにAPI実装をしただけでSwagger UIが自動生成されることに衝撃を受けました。「これはいけるぞ」、と確信したのを覚えています。2020年春の話です。それ以来、2023年現在までFastAPIを現役で本番環境に利用しています。

こうした経緯から、本書が実際に本番環境で使える実践的なノウハウが詰まっている、という背景がおわかりいただけたのではないでしょうか。

執筆のきっかけ

自分が使っている技術が廃れていき使われなくなることは、私にとって一技術者として避けたいことの一つです。長い間廃れずメンテナンスされ、「技術的負債」にならないものを作ることで、後に振り返った際に良い技術選定ができた、と言えるのではないかと思います。

これまでの自分は世の中にある技術を仕事で使うというのが基本的な姿勢でした。しかし、スタートアップを運営していくにあたり、「技術を広める」ことでその技術が長く使われることになり、回り回って自分の仕事にも跳ね返ってくると考えるようになりました。そこで、「仕事でも使っている便利なFastAPIを色んな人に知ってほしい」、という思いで『FastAPI入門』を書き始めました。

今手に取っていただいているこの本は、上記のような経緯でクラスメソッドさんが運営しているZenn（URL https://zenn.dev/）で書いた『FastAPI入門』がベースになっています。Zennは通常の記事も書けますが、記事を書く感覚でMarkdownで本が書けるというユーザー体験が秀逸でした。本を書くというのは孤独な作業ですが、少しずつ書いてはそこまでの成果を確認していく、という手順で本ができていく過程を実感できたのも、途中で諦めずに最後まで執筆することができた大きな理由です。

Zennで本を出した後、FastAPIの人気が日に日に増していくに連れ、『FastAPI入門』を読んでくださる方も増えてきました。たくさんの方がZenn本を読んでくださったおかげで、本書の編集者である宮腰隆之さんの目に触れ、今回の出版に至りました。

謝辞

まずはZennで『FastAPI入門』を読み応援してくださった方々、また今ご縁があってこの本を手に取ってくださっている方に、感謝いたします。また、翔泳社の宮腰隆之さんには本書出版まで、読者の方に少しでもわかりやすくなるようにと大変細かいお願いを多数いたしましたが、一つ一つ丁寧にご対応いただきありがとうございました。検証にご協力いただいた村上俊一さんには細かい点のデバッグまでお手伝いいただきました。さらに、株式会社sustenキャピタル・マネジメントの同僚である、益子遼介さん、安藤諒さん、道祖土尚弘さんには、日常の業務が忙しいにも関わらず、本書のレビューにも本気で取り組んでいただきました。また、仕事に加えて本書執筆でせわしなくしている私を陰で応援してくれた家族にもとても感謝しています。皆さまには、この場を借りてお礼申し上げます。

2023年6月　吉日

中村 翔

本書の目的

本書はPythonで最近人気のある高速Webフレームワーク、FastAPIを使って簡単なWeb APIを作ることを目的としています。

本書の対象読者

対象の読者としては、Pythonを触ったことがある方を想定しています。そのため、Pythonの基本的な文法、例えばlistや辞書などのデータ構造、if文やforループの書き方などについては扱いません。

Web APIについて、基本的なRDBMS（本書ではMySQLとSQLite)、ならびにHTTPに関する知識も本書では網羅的な説明は行いません。

Pythonの他のフレームワーク（例えばFlaskやDjango)、あるいはRailsのような他言語のフレームワークである程度の開発経験があればすんなり理解できると思いますが、実践的なケースを題材にステップバイステップで作成していきますので、他フレームワークでの開発が未経験でも読んでいただけます。

本書の構成

本章は3部構成になっています。Part1で環境などの準備を行い、Part2でFastAPIの核心に迫ります。Part3では、Part2で作ったアプリケーションを、本番環境としても耐えられるクラウド環境にデプロイを行います。
全編を通して実践的なアプリケーションを作成できるようになっています。本書によって、手を動かしながらFastAPIを習得していきましょう。

- Part1
  - 開発環境とFastAPIの準備（第1章〜第6章）
- Part2
  - FastAPIアプリケーションの実装（第7章〜第14章）
- Part3
  - クラウドプラットフォームへのデプロイ（第15章〜第17章）

メモ 項目

「メモ」では、補足説明をします。本のメインストリームから外れる詳細な説明はこちらに逃していますので、内容が難しかったり、急いでいる方は読み飛ばしても問題ありません。

コラム 項目

「コラム」では、本編から外れた情報、例えば仕様の歴史的な背景や、多言語の比較などを行います。こちらも同様に読み飛ばしても本編に影響はありません。

動作環境

本書のサンプルは表1〜3の環境で動作確認しています。

なお、Pythonはバージョン3.11を利用します。FastAPIなど各Pythonライブラリのバージョンについては、本編の中で紹介します。

Pythonを含めた各ライブラリはPoetryを使ってインストールしますが、これらはすべてDockerコンテナの中で行うため、事前のインストールは不要です。同様に、読者のOSにインストールされたPythonバージョンと異なっていても問題ありません。

▼表1：macOS

環境	バージョン
macOS	Ventura 13.2
Rancher Desktop	1.4.1
Docker Compose	v2.5.1
Python	3.11

▼表2：Windows

環境	バージョン
Windows	11 Pro
Rancher Desktop	1.4.1
Docker Compose	v2.5.1
Python	3.11

▼表3：Linux

環境	バージョン
Linux	Ubuntu Desktop 22.04 LTS
Rancher Desktop	1.7.0
Docker Compose	v2.14.0
Python	3.11

付属データのご案内

付属データ（本書記載のサンプルコード）は、以下のサイトからダウンロードできます。

- 付属データのダウンロードサイト
  URL https://www.shoeisha.co.jp/book/download/9784798177229

注意

付属データに関する権利は著者が所有しています。許可なく配布したり、Webサイトに転載したりすることはできません。

付属データの提供は予告なく終了することがあります。あらかじめご了承ください。

会員特典データのご案内

会員特典データは、以下のサイトからダウンロードして入手いただけます。

- 会員特典データのダウンロードサイト
  URL https://www.shoeisha.co.jp/book/present/9784798177229

注意

会員特典データをダウンロードするには、SHOEISHA iD（翔泳社が運営する無料の会員制度）への会員登録が必要です。詳しくは、Webサイトをご覧ください。

会員特典データに関する権利は著者および株式会社翔泳社が所有しています。許可なく配布したり、Webサイトに転載したりすることはできません。

会員特典データの提供は予告なく終了することがあります。あらかじめご了承ください。

免責事項

付属データおよび会員特典データの記載内容は、2023年5月現在の法令等に基づいています。

付属データおよび会員特典データに記載されたURL等は予告なく変更される場合があります。

付属データおよび会員特典データの提供にあたっては正確な記述につとめましたが、著者や出版社などのいずれも、その内容に対してなんらかの保証をするものではなく、内容やサンプルに基づくいかなる運用結果に関してもいっさいの責任を負いません。

付属データおよび会員特典データに記載されている会社名、製品名はそれぞれ各社の商標および登録商標です。

著作権等について

会員特典データの著作権は、著者および株式会社翔泳社が所有しています。個人で使用する以外に利用することはできません。許可なくネットワークを通じて配布を行うこともできません。個人的に使用する場合は、ソースコードの改変や流用は自由です。商用利用に関しては、株式会社翔泳社へご一報ください。

2023年5月
株式会社翔泳社　編集部

目次

Part1
開発環境とFastAPIの準備

Part1
開発環境とFastAPIの準備

Chapter1

FastAPIの概要

本章では、FastAPIの概要とその特長について説明します。

P01 FastAPIについて

FastAPIについて解説します。

Pythonの世界では、RubyにおけるRuby on Railsのような大規模Webフレームワークである Djangoをはじめ、FlaskやBottleといったマイクロフレームワークが古くから人気を博してきました。そこに、期待の新星として登場したのがFastAPIです。

早速ですが、FastAPIの特長を見てみましょう。

- リクエストとレスポンスのスキーマ定義に合わせて**自動的にSwagger UIのドキュメントが生成される**
- 上記のスキーマを明示的に定義することにより、**型安全**な開発が可能
- ASGIに対応しているので、非同期処理を行うことができ、**高速**

FastAPIは様々なケースにおいて活躍します。近年では機械学習の興隆により、Pythonを使った機械学習サービスの提供のためにFastAPIを選ばれる方もいらっしゃるかと思います。機械学習の処理は、特にAPIとして構築されることの多い推論（inference）フェイズであっても、比較的時間や負荷のかかる処理が多く、非同期処理による高速性が活かされるでしょう。

一方で筆者は、スタートアップや新規Webサービス立ち上げのケースなど、SPA（Single Page Application）と組み合わせて、バックエンドとして動くWeb APIを作成したい場合に、より強大な力を発揮するのではと考えています。

前述の通り、FastAPIはリクエストとレスポンスのスキーマを定義することになります。これによって、フロントエンドエンジニアが実装の際に利用するドキュメントを簡単に自動生成でき、さらに実際にリクエストパラメータを変更してAPIの呼び出しを試すこともできるのです。

スキーマを先に定義することによってフロントエンドとバックエンド間のイ

ンターフェイスを取り決め、それぞれの開発を同時にスタートする方式を、一般に**「スキーマ駆動開発（Schema-Driven Development）」**と呼びます。

FastAPIを使うと、ノウハウや事前知識がなくても、スキーマ駆動開発を違和感なく自然に始めることができます。スキーマ駆動開発によって、フロントエンドとバックエンドをインテグレーションした際の、仕様の勘違いなどによる手戻りが発生するリスクを減らすことができ、ひいては開発スピードを上げることにも繋がります。

Webサービスのバックエンド開発をする場合、開発スピード向上に貢献するだけでなく、その後のフェイズでもFastAPIは力を発揮します。経験の長い方だと思い当たるところがあるかもしれませんが、Webサービスは多数のユーザーに使われるようになってくるとスケーリングの問題に突き当たることがよくあります。

FastAPIは型安全なだけでなく、高速です。

Web開発の世界では、開発のスピードとプロダクトの寿命のトレードオフが問題になることはよくありますが、FastAPIはGoなどの静的型付け言語にも引けをとらないパフォーマンスにより、サービスの拡大期にも十分耐え得るAPIを作成することが可能なのです。

本書では、ToDoアプリを例にとって、FastAPIの魅力を紹介していきます。開発においては経験は重要な要素です。写経や、コピー・アンド・ペーストで構いませんので、是非コードに触れてみてください。FastAPIにおけるWebAPI開発を多くの方に身に着けていただけることを楽しみにしています。

02 Flaskとの比較

Flaskと比較してみましょう。

Flask（URL https://flask.palletsprojects.com/）は2010年から開発されている、Python製軽量Webフレームワーク（マイクロフレームワーク）です。

FastAPIが公式ドキュメントで説明している（URL https://fastapi.tiangolo.com/ja/alternatives/#flask）とおり、FastAPIも少なからずFlaskの影響を受けています。

Flaskは簡単にAPIを作るためにもとても便利なフレームワークです。しかし、FastAPIはより後発であるがために、前節で説明した、

- **自動的にSwagger UIのドキュメントが生成される**
- **型安全**
- **高速**

というFlaskにはない特長を持っています。

「高速」に関しては、FastAPI vs Flaskのベンチマーク結果がありますので参照してみてください。

参考：TechEmpower Framework Benchmarks
URL https://www.techempower.com/benchmarks/#section=data-r20&hw=ph&test=query&l=zijzen-sf&f=zhb2tb-zik0zj-zik0zj-zik0zj-zik0zj-zik0zj-zik0zj-ziimf3-zik0zj-zik0zj-zik0zj-cn3

03 まとめ

第1章では以下のことを解説しました。

- FastAPIについて
- Flaskとの比較

Part1
開発環境とFastAPIの準備

Chapter2

FastAPIで重要なPython文法の復習

FastAPIに触れる前に、FastAPIで頻出するPythonの文法について復習・確認しておきましょう。

P01 クラスの継承

クラスの継承について解説します。

JavaやC++など、他のオブジェクト指向言語に慣れていれば大きな驚きはないかと思いますが、Pythonでもクラスを定義でき、さらに継承の仕組みを備えています。

継承ではis-a関係を表現します。よくある例ですが、Animalクラスを継承したDogクラスを定義してみましょう。このとき、DogはAnimalのサブクラス、AnimalはDogのスーパークラスと呼ばれ、'A dog is "a(n)" animal'の関係が成り立ちます。

クラス変数とインスタンス変数

最初にクラス変数とインスタンス変数のおさらいをしておきます。

- クラス変数：あるクラスのインスタンス**すべてで共有される共通**変数
- インスタンス変数：あるクラスのインスタンス**ごとに保持される**変数

です。

```python
class Animal:
    height = 30
```

ここに、身長heightが定義されたAnimalクラスがあります。このとき、heightは**クラス変数**であることに注意しましょう。しかし、Pythonのクラス変数の使い方には少し注意が必要な点があります。

Python

```
animal1 = Animal()
animal2 = Animal()
print(animal1.height)  # -> 30
print(animal2.height)  # -> 30

animal1.height = 10
print(animal1.height)  # -> 10
print(animal2.height)  # -> 何を返すでしょうか？
```


一般的な感覚だと、クラス変数は同じクラスのオブジェクト間で共通なため`animal2.height`は10を返しそうですが、実際は30を返します。

実は、`animal1.height = 10`の文では、Animalのクラス変数に10を設定しているのではなく、実際には`animal1`に新しく**インスタンス変数**`height`を追加し、設定しているのです。一方で、`animal2`は`height`をインスタンス変数として持っていないため、`Animal`クラスのクラス変数`height`がそのまま表示され、30が返却されたわけです。

これをチェックするためには、それぞれのインスタンスのattributesを`__dict__`を使って表示してみるとわかります。`__dict__`はクラス変数は表示しないため、

Python

```
print(animal1.__dict__)  # -> {'height': 10}
print(animal2.__dict__)  # -> {}
```

となります。

Pythonではインスタンス変数が定義されている場合、クラス変数が隠蔽されてしまうため、上記のような挙動により混乱の原因になります。

クラス変数とインスタンス変数は明確に分けて定義するのが無難です。クラス変数にアクセスする場合は`animal2.height`ではなく、明示的に`Animal.height`とクラスを指定するのが良いでしょう。一方、インスタンス変数にアクセスする場合は`animal1.height = 10`のように未定義の変数をインスタンスに追加することは避け、あらかじめ、

```python
class Animal:
    def __init__(self):
        self.height = 30
```

のようにコンストラクタで初期化するようにする習慣をつけると良いでしょう。

クラスの継承

先ほど定義した、

```python
class Animal:
    height = 30
```

に対し、

```python
class Dog(Animal):
    height = 20

class Cat(Animal):
    height = 10
```

の2クラスを定義します（図2.1）。

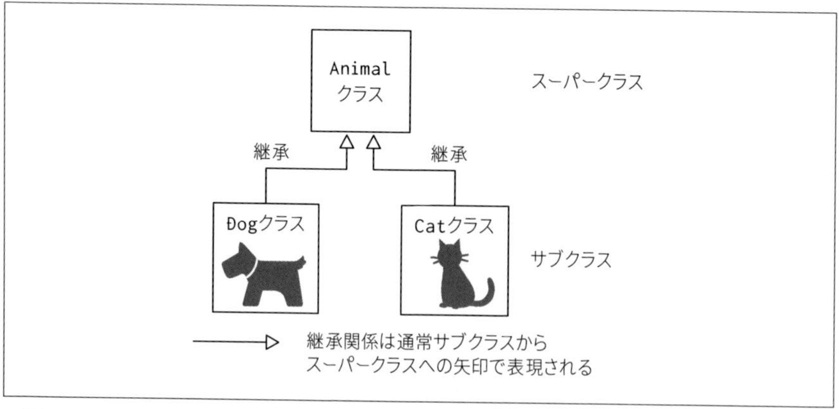

▲図2.1：AnimalクラスとDogクラスの継承関係

Pythonでは変数のオーバーライドも可能です。

Python
```
class Animal:
    height = 30

    def get_height(self):
        print(f"Animal {self.height}")

class Dog(Animal):
    height = 20

    def get_height(self):
        print(f"Dog {self.height}")
```


とあった場合、

Python
```
dog = Dog()
print(dog.get_height())  # Dog 20
```

となりますが、親クラスの変数にアクセスしたい場合は、

Python
```
class Dog(Animal):
    height = 20

    def get_height(self):
        print(f"Parent {super().height}")
```

とsuper()を指定してあげれば呼び出すことが可能です。

Python
```
dog = Dog()
print(dog.get_height())  # Parent 30
```

FastAPIでは、スキーマを定義する際、自前のクラスを作成していきます（第9、10章）。クラスの持つ変数の扱いに注意するようにしましょう。

P 02 デコレータ

FastAPIで頻出するデコレータについて説明します。

FastAPIを使っていると、デコレータという構文が出てきます。

```python
@wrapper
def example():
    ...
```

このように、関数やクラス、メソッドの前に@で始まる記述をデコレータと呼びます。場合によっては、

```python
@wrapper(arg1, arg2)
def example():
    ...
```

のように引数をとることもあります。

Pythonで一般的によく使われるデコレータの例として、クラス内のメソッドをスタティックメソッドに変える`@staticmethod`と、クラスメソッドに変える`@classmethod`があります。

では、デコレータとはいったい何なのでしょうか？　実は、デコレータはそれ自身が関数やクラスです。すなわち、上記の例ですと、

```python
def wrapper():
    ...
```

というものがどこかに定義されている必要があります。その証拠に、これなしで任意の関数に@wrapperを付けて実行すると、

```
NameError: name 'wrapper' is not defined
```

とエラーが出て怒られます。

Python

```python
def wrapper(func):
    def _inner(*args, **kwargs):
        # 何らかの前処理
        func(*args, **kwargs)
        # 何らかの後処理
        return
    return _inner
```

デコレータとして指定する関数を上記のように定義しておくことにより、任意の関数（この場合、wrapper(func)のfuncにexample関数が渡されます）に対して、何らかの前処理や後処理を実行することが可能になります。

FastAPIに代表されるようなフレームワークでは多くのデコレータを事前に定義していますので、フレームワークの利用者（Webアプリの開発者）はデコレータを追加するだけで、さまざまな機能を関数に付与することが可能になるというわけです。本書では、ルーター（第8章）でデコレータが登場します。覚えておくようにしましょう。

シンタックスシュガー

実は、デコレータは@で始まる特殊な構文なのですが、これ自体、関数のシンタックスシュガーに過ぎません。example関数とwrapper関数の例ですと、このデコレータ付きのexample関数を呼ぶことは、

Python

```python
wrapper(example)()
```

というようにwrapperを介してexampleを呼ぶことと同義なのです。

Javaのアノテーションとの違い

Javaに慣れ親しんでいる人は、JavaにはPythonのデコレータと似た、@で始まるアノテーションという構文があることをご存知でしょう。
言語によって呼び方が違うのか、ぐらいに思われたかもしれませんが、Javaのアノテーションはちょっと振る舞いが異なります。
Javaのアノテーションは、言葉のとおり「注釈（Annotation）」を加えているに過ぎません。Pythonのような関数の実態のようなものを持たないため、アノテーション対象のメソッドなどを呼び出しただけでは利用されません。
そのため、Javaのフレームワークなどでアノテーションに機能を持たせるためには、アノテーションを付加しているメソッドに対して、リフレクションを使ってアクセスする必要があります。
例えば、以下のようにアノテーション付きのメソッドがあったとします。

Java
```java
public class Example {
    @MyAnnotation
    public void target() {
        ...
    }
}
```

この場合、リフレクションを利用し、

Java
```java
Method m = Example.class.getMethod("target");
Annotation a = m.getAnnotation(Annotation.class);
```

のようにアノテーションにアクセスします。さらに、@interfaceとして上記のMyAnnotationクラスも定義しておく必要があります。
ちなみにさらにややこしいのが、Pythonの世界では、「アノテーション（注釈）」というのはまた別の意味を持ちます。
Pythonにおけるアノテーションは、変数や関数に対する型ヒントの一般形です。すなわち、型ヒントもアノテーションの1つと言えます。型ヒントについては第9章で詳しく説明しますが、型ヒントは動的な型チェックなどには使われず、単なる注釈です。変数や関数の引数や戻り値に与える注釈は必ずしも型である必要がなく、以下のように任意の値を与えることが可能です。

Python
```python
def function(arg: "arg_annotation") -> "ret_annotation":
    ...
```

03 まとめ

第2章では以下のことを解説しました。

- クラスの継承
- デコレータ

Part1
開発環境とFastAPIの準備

Chapter3

Docker環境のインストール

本章では、開発環境としてDockerを用いる意義の説明と、Dockerのインストールを行います。
Dockerでの開発に慣れている方は本章を読み飛ばし、次章のDockerイメージの作成に進みましょう。

P01 docker composeを使う意義

本書ではDockerの中でもdocker composeを利用します。その意義について説明します。

▲図3.1：Docker

本書では、docker composeを通してPythonおよびFastAPIを利用することとします。

Docker（図3.1）はコンテナサービスを提供するアプリケーションです。

また、docker composeはDockerが提供するプロダクトの1つで、複数のコンテナをまとめて扱うことを可能にするツールです。docker composeコマンドを実行することで利用します。Pythonを直接インストールするのではなく、なぜわざわざDocker内にインストールするのかというと、以下の2点の理由があります。

1. 環境差分を排除するため
2. 環境を閉じ込めるため

それぞれを詳しく見てみましょう。

1. 環境差分を排除するため

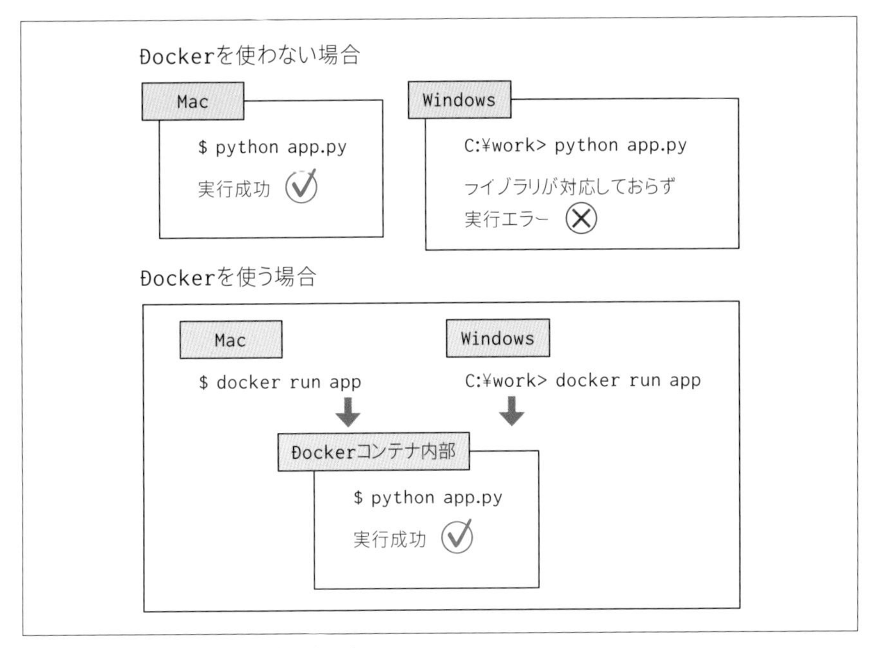

▲図3.2：Dockerが環境の差分を吸収

本書の読者の方の中には、Macを使っていらっしゃる方もいれば、WindowsやLinuxを利用されている方もいるかと思います。それぞれに応じてPythonのバージョンが異なったり、場合によってはPythonのパッケージライブラリがこれらの環境に依存することがあります。

Pythonは、同じOS内に複数バージョンをインストールし、それらを切り替えて使うことができます。そして、こ切り替えの方法は環境を設定するライブラリに応じて複数存在します（例えばpyenv、virtualenv（venv）、Pipenvなど）。しかし、この切り替えの方法はデファクトスタンダードが確立されている状態とは言えず、本書を読まれている方すべてに最適な方法を準備するのが難しいのが現状です。

ここで、Dockerを利用することで、Pythonが実行されるOSと、それを含む今回作成するAPIより下のレイヤの環境を固定することができ、環境による差分をかなり小さくすることができます（図3.2）。これにより、本書を進めていくにあたって、インストール時のエラーや、特定のコマンドのエラーなどが少なくなることが期待できます。

2. 環境を閉じ込めるため

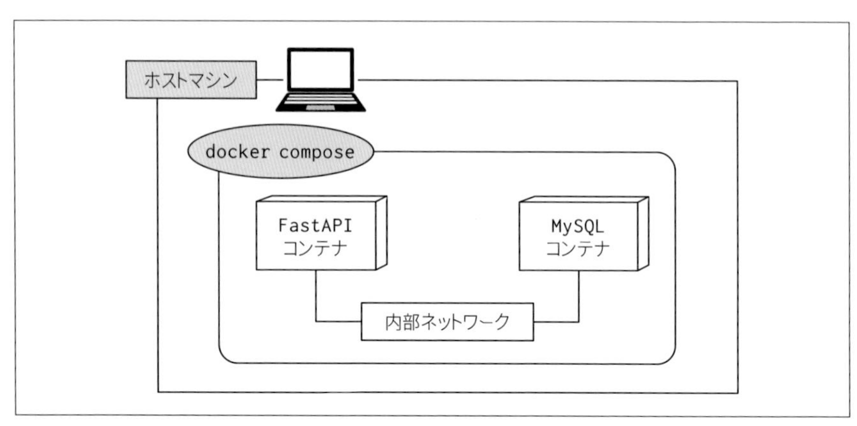

▲図3.3：Dockerがコンテナ内に環境を閉じ込める

また、本書では「第11章 データベースの接続とDB モデル（Models)」でMySQLのインストールを行います。MySQLなどのデータベースはより低レイヤのAPIを利用して構築されていることが多いため、Pythonの実行環境以上にOSやハードウェアの環境に依存するケースが多くなります。ここでもDockerによる環境差分の吸収が力を発揮します。またPythonの実行コンテナとMySQLのコンテナを分けることによって、これらのコンテナ間の依存関係を明確にすることができます。

Dockerによって、Pythonやデータベースの環境をコンテナ内に**閉じ込める**ことができますので、何か間違った際にコンテナを作り直したり、廃棄することが簡単にでき、結果としてホストマシンの環境を汚さずに済みます（図3.3)。

docker composeの利用は本書の内容を余計なトラブルなく実行していただくことが大きな狙いです。しかしそれにとどまらず、同じ方法を使ってAPIをチームで共有することもできるため、実際のチーム開発の現場においても強力な助っ人となるでしょう。

P 02 Dockerのインストール

Dockerのインストール方法を紹介します。

それでは、早速docker composeを使えるようにDockerをインストールしましょう。既にインストールされている方は、この後のPythonおよびFastAPIのインストールに進んでください。

Docker Desktopの利用

docker composeをMacやWindowsなどのデスクトップで利用できるようにするためには、Docker Desktopのインストールが最も簡単です。

ただし、個人開発での利用や比較的小規模の企業にお勤めの方以外では、Docker Desktopの利用が2022年の2月より有償となっています（URL https://www.docker.com/blog/updating-product-subscriptions/）。

Docker Desktopを無償で使い続けられる条件は以下と説明されています（Docker Subscription Service Agreement（URL https://www.docker.com/legal/docker-subscription-service-agreement/）より。2023年3月末時点）。

- スモールビジネス（250人未満の従業員かつ、年間売上1000万ドル未満）
- 個人利用（制作物の無料・有料問わず）
- 教育目的（学術研究目的で授業を行う教育機関のメンバー）
- 非営利のオープンソースプロジェクト

大企業での利用を想定しているなど、上記の条件に該当しない場合で、無償で利用し続けたいという方もいらっしゃるかと思います。

そのような場合はDocker Desktopを含まないCLIとしてのdocker（dockerクライアント）と、dockerd（dockerデーモン）は引き続き無償で使えるので、これらが動作するバックエンド環境を用意すればdocker composeを利用することができます。

この「代替手段」についても以下で説明していますので、ご自身の状況に合った方法を選択してください。

Docker Desktopのインストール

Macの方はDocker for Mac（URL https://docs.docker.com/desktop/install/mac-install/）、Windowsの方はDocker for Windows（URL https://docs.docker.com/desktop/install/windows-install/）をインストールします。

すると、同時に`docker compose`がインストールされます。Linuxの方は`curl`でダウンロードしたバイナリファイルからインストールが可能です。

インストールが完了し、図3.4のようなダッシュボードが表示されればDockerは正しく起動されています。

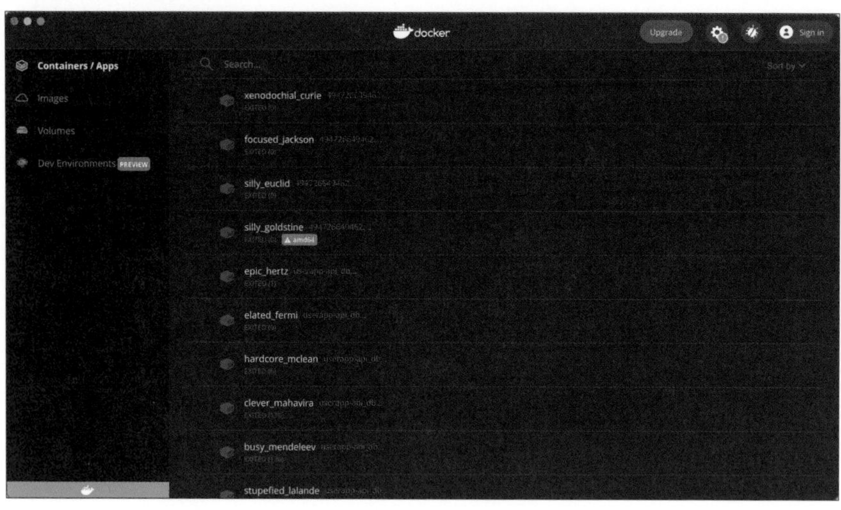

▲図3.4：Docker Desktopのダッシュボード

Docker Desktopの代替手段（Rancher Desktop）

Dockerを無償で利用したい場合、Docker Desktopの代替としてRancher Desktopを利用できるため、ここで方法を説明します。

Rancher Desktopの概要

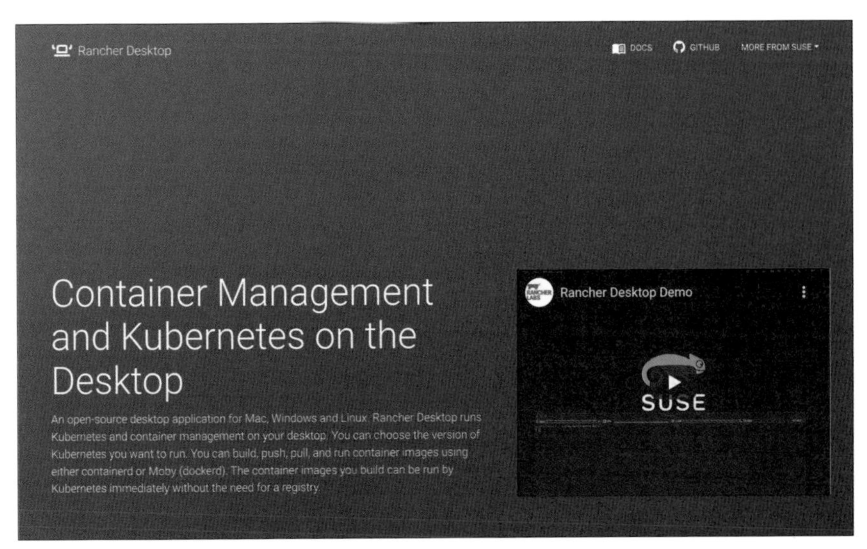

▲図3.5：Rancher Desktop（URL https://rancherdesktop.io/ より）

Rancher Desktop（図3.5）はもともとコンテナ管理のKubernetesをローカルマシン上で簡単に利用できるようにすることを目指したGUIアプリケーションですが、Rancher Desktopは内部的にMacの場合Lima、Windowsの場合WSL2（Windows Subsystem for Linux v2）を利用して仮想的にLinuxの環境を実現し、その上でdockerコンテナを起動することができます。

Rancher DesktopはApache LicenseのOSSとなっていますので、無償で利用することができます。

図3.6のような構成により、dockerコマンドが動きます（図はMacの場合の例）。

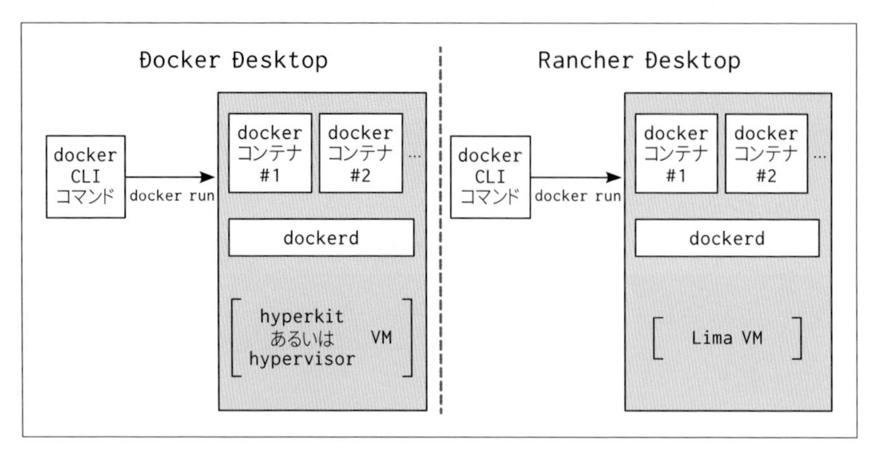

▲図3.6：Docker DesktopとRancher Desktopのアーキテクチャ

Windowsの場合も同様で、Limaの代わりにWSL2上でdockerdが動作します。

Macでのインストール手順

Rancher Desktopの公式ページ（URL https://rancherdesktop.io/）より、インストールパッケージをダウンロードしてきます。

Apple Sillicon用（いわゆるM1やM2 Mac）とIntel用に分かれていますので、インストールするパッケージを間違えないようにしましょう。

以下の手順はApple Sillicon用ver.1.4.1をもとに書かれていますので、新しいバージョンでは多少項目が異なるかもしれません。

インストールし、起動すると、初回に図3.7のような初期設定画面が表示されます。ここで、Rosettaのインストールを求めるダイアログが現れた場合にはインストールします。

本書ではKubernetesは利用しないので、「Enable Kubernetes」のチェックボックスは外してしまってもOKです。

また、コンテナランタイムとして「containerd」と「dockerd (moby)」のオプションがありますが、本書ではdockerコマンドを利用したいので、「dockerd (moby)」を選択します。

最後のパス設定は、既にdocker環境を構築しているケースで既存のdockerと衝突しないようにする場合には「Manual」を選択しますが、新規インストールの場合には、「Automatic」のままで問題ありません。設定が終わったら（図3.7❶）、「Accept」をクリックします（図3.7❷）

次に、管理者権限（sudo）を要求されます。

Docker CLIが利用するdocker環境を特定するために参照する、dockerソケット（docker.sock）のパスの変更などのために管理者権限が必要ですので、「OK」をクリックして許可します（図3.8）。

▲図3.7：起動後の初期設定画面

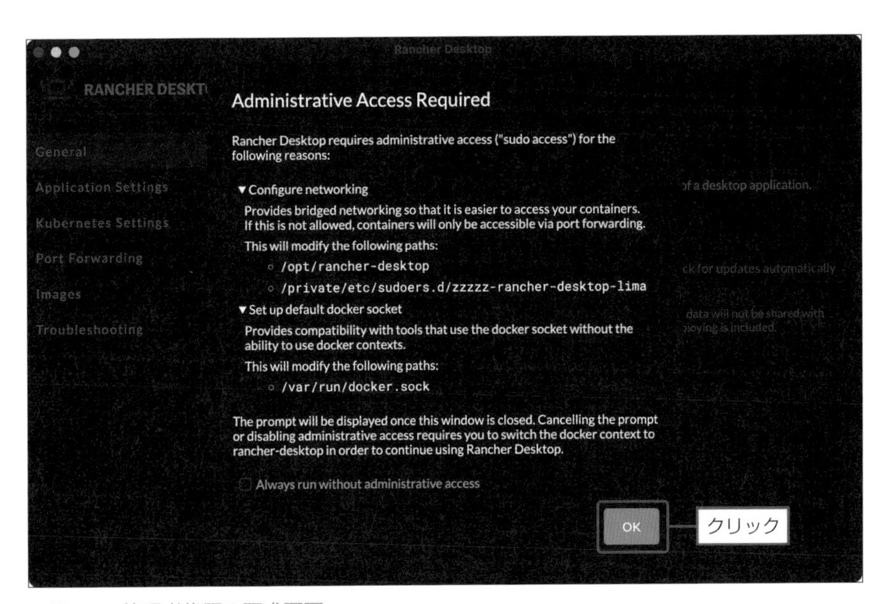

▲図3.8：管理者権限の要求画面

ご自身のMacの管理者アカウントの情報を入力して、「OK」をクリックします（図3.9）。

▲図3.9：管理者権限入力画面

これでRancher Desktopのインストールが完了です。

Docker Desktopと同様シンプルなダッシュボードが表示されます（図3.10）。

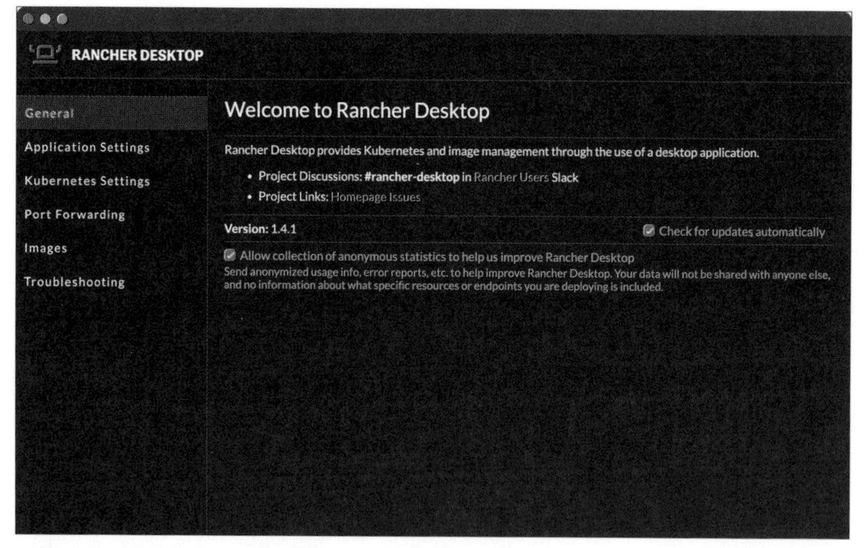

▲図3.10：Rancher Desktopのダッシュボード

Windowsでのインストール手順

Rancher Desktopの公式ページ（URL https://rancherdesktop.io/）より、インストールパッケージをダウンロードします。

インストールの途中で、WSL2を有効にするために、管理者権限が求められますので許可します。

セットアップの最後に再起動を要求されますので、再起動します。

インストール後にRancher Desktopを起動すると、初回に図3.11のような初期設定画面が表示されます。

本書ではKubernetesは利用しないので、「Enable Kubernetes」のチェックボックスは外してしまってもOKです。

また、コンテナランタイムとして「containerd」と「dockerd (moby)」のオプションがありますが、本書ではdockerコマンドを利用したいので、「dockerd (moby)」を選択します。設定が終わったら（図3.11❶）、「Accept」をクリックします（図3.11❷）

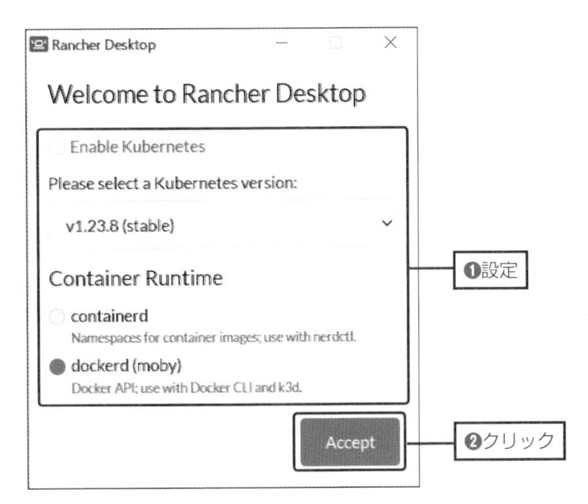

▲図3.11：起動後の初期設定画面

Linux (Ubuntu) でのインストール手順

以下の手順には`curl`コマンドが必要です。インストールされていない場合は`sudo apt install curl`を実行してインストールしておきます。

Rancher Desktopの公式ページ（URL https://rancherdesktop.io/）よりLinuxのインストールページに移動し、案内に従って以下のコマンドでインストールを進めます。

```
# GPG鍵をリポジトリと紐付ける
$ curl -s https://download.opensuse.org/repositories/isv:/Rancher:/⏎
stable/deb/Release.key | gpg --dearmor | sudo dd status=none ⏎
of=/usr/share/keyrings/isv-rancher-stable-archive-keyring.gpg
$ echo'deb [signed-by=/usr/share/keyrings/isv-rancher-stable-⏎
archive-keyring.gpg] https://download.opensuse.org/repositories/⏎
isv:/Rancher:/stable/deb/ ./' | sudo dd status=none of=/etc/apt/⏎
sources.list.d/isv-rancher-stable.list
# パッケージ一覧を更新し、Rancher Desktopをインストール
$ sudo apt update
$ sudo apt install rancher-desktop
```

すると、環境によって異なりますが、Rancher Desktopとともに、依存するパッケージが表示されるので、問題なければYを入力してインストールを完了します。

```
Reading package lists... Done
Building dependency tree... Done
Reading state information... Done
The following additional packages will be installed:
  cpu-checker git git-man ibverbs-providers ipxe-qemu
  ipxe-qemu-256k-compat-efi-roms libaio1 libblkid-dev libc-dev-bin
  libc-devtools libc6-dev libcacard0 libcrypt-dev libdaxctl1 ⏎
libdecor-0-0
  libdecor-0-plugin-1-cairo libdpkg-perl liberror-perl libfdt1 ⏎
libffi-dev
  libfile-fcntllock-perl libgdk-pixbuf-xlib-2.0-0 libgdk-pixbuf2.0-0 ⏎
libgfapi0
  libgfrpc0 libgfxdr0 libglib2.0-dev libglib2.0-dev-bin libglusterfs0
  libibverbs1 libiscsi7 libmount-dev libndctl6 libnsl-dev libpcre16-3
  libpcre2-dev libpcre2-posix3 libpcre3-dev libpcre32-3 libpcrecpp0v5 ⏎
libpmem1
  libpmemobj1 libqrencode4 librados2 librbd1 librdmacm1 libsdl2-2.0-0
  libselinux1-dev libsepol-dev libslirp0 libspice-server1 libtirpc-dev
```

```
  liburing2 libusbredirparser1 libvirglrenderer1 linux-libc-dev ⏎
manpages-dev
  msr-tools ovmf pass pkg-config python3-distutils qemu-block-extra
  qemu-system-common qemu-system-data qemu-system-gui qemu-system-x86
  qemu-utils qrencode rpcsvc-proto seabios tree uuid-dev xclip ⏎
zlib1g-dev
Suggested packages:
  git-daemon-run | git-daemon-sysvinit git-doc git-email git-gui gitk ⏎
gitweb
  git-cvs git-mediawiki git-svn glibc-doc debian-keyring gcc | ⏎
c-compiler
  binutils bzr libgirepository1.0-dev libglib2.0-doc libxml2-utils
  gstreamer1.0-libav gstreamer1.0-plugins-ugly libxml-simple-perl ⏎
python ruby
  dpkg-dev samba vde2 debootstrap
The following NEW packages will be installed:
  cpu-checker git git-man ibverbs-providers ipxe-qemu
  ipxe-qemu-256k-compat-efi-roms libaio1 libblkid-dev libc-dev-bin
  libc-devtools libc6-dev libcacard0 libcrypt-dev libdaxctl1 ⏎
libdecor-0-0
  libdecor-0-plugin-1-cairo libdpkg-perl liberror-perl libfdt1 ⏎
libffi-dev
  libfile-fcntllock-perl libgdk-pixbuf-xlib-2.0-0 libgdk-pixbuf2.0-0 ⏎
libgfapi0
  libgfrpc0 libgfxdr0 libglib2.0-dev libglib2.0-dev-bin libglusterfs0
  libibverbs1 libiscsi7 libmount-dev libndctl6 libnsl-dev libpcre16-3
  libpcre2-dev libpcre2-posix3 libpcre3-dev libpcre32-3 ⏎
libpcrecpp0v5 libpmem1
  libpmemobj1 libqrencode4 librados2 librbd1 librdmacm1 libsdl2-2.0-0
  libselinux1-dev libsepol-dev libslirp0 libspice-server1 libtirpc-dev
  liburing2 libusbredirparser1 libvirglrenderer1 linux-libc-dev ⏎
manpages-dev
  msr-tools ovmf pass pkg-config python3-distutils qemu-block-extra
  qemu-system-common qemu-system-data qemu-system-gui qemu-system-x86
  qemu-utils qrencode rancher-desktop rpcsvc-proto seabios tree ⏎
uuid-dev xclip
  zlib1g-dev
0 upgraded, 76 newly installed, 0 to remove and 4 not upgraded.
Need to get 436 MB of archives.
After this operation, 1,123 MB of additional disk space will be used.
Do you want to continue? [Y/n]
```

インストール後にRancher Desktopを起動すると、初回に図3.12のような初期設定画面が表示されます。

本書ではKubernetesは利用しないので、「Enable Kubernetes」のチェックボックスは外してしまってもOKです。

また、コンテナランタイムとして「containerd」と「dockerd (moby)」のオプションがありますが、本書ではdockerコマンドを利用したいので、「dockerd (moby)」を選択します。

最後のパス設定は、既にdocker環境を構築しているケースで既存のdockerと衝突しないようにする場合には「Manual」を選択しますが、新規インストールの場合には、「Automatic」のままで問題ありません。

設定が終わったら（図3.12❶）、「Accept」をクリックします（図3.12❷）。

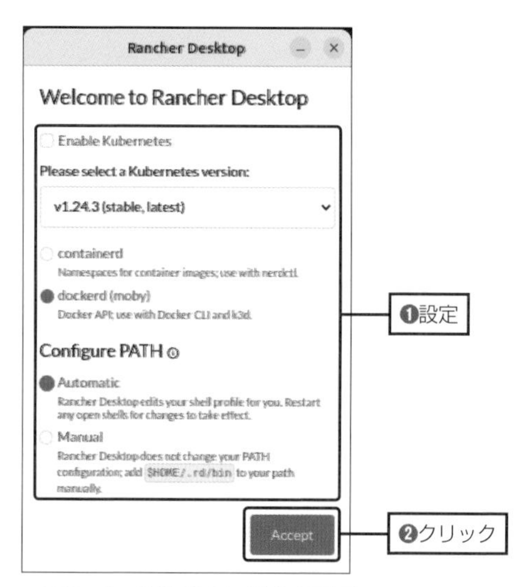

▲図3.12：起動後の初期設定画面

次に、管理者権限（sudo）を要求されます（図3.13）。

Docker CLIが利用するdocker環境を特定するために参照する、dockerソケット（docker.sock）のパスの変更などのために管理者権限が必要ですので、「OK」をクリックして許可します。

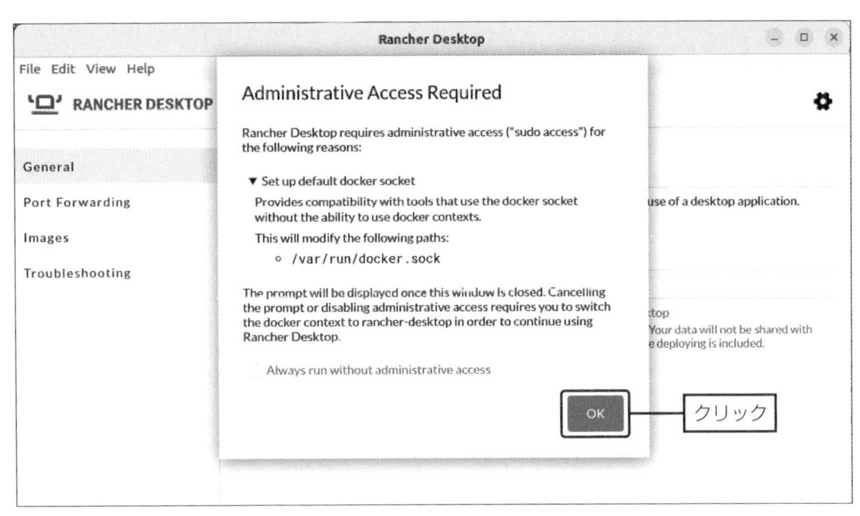

▲図3.13：管理者権限の要求画面

これでRancher Desktopのインストールが完了です。

Docker Desktopと同様シンプルなダッシュボードが表示されます（図3.14）。

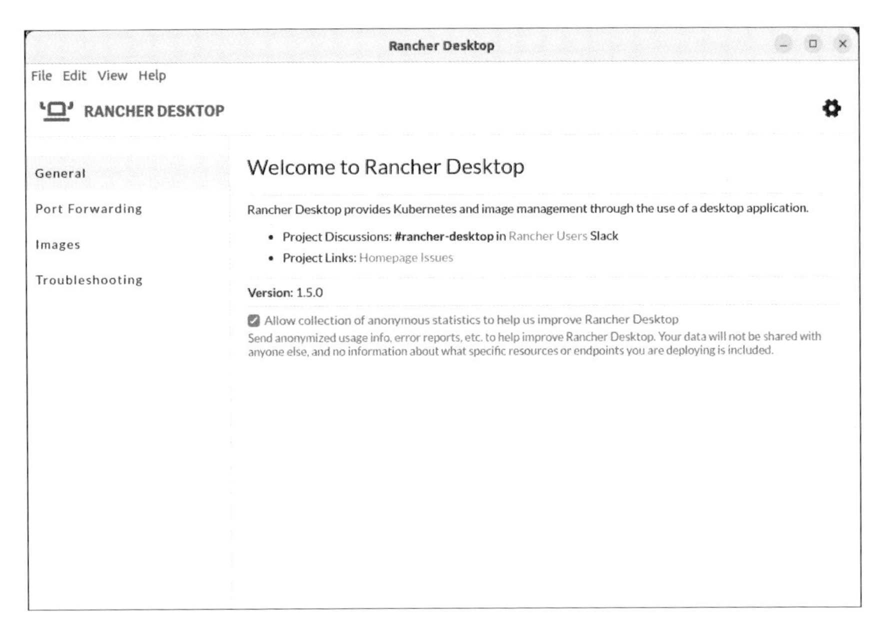

▲図3.14：Rancher Desktopのダッシュボード

P03 Dockerの動作確認

インストールが完了したら、docker composeの動作確認をしましょう。

docker composeがインストールされていることを確認してみましょう。インストール時にターミナルが開いていた場合は、新しく開き直します。

```shell
$ docker compose version
```

以下のようにバージョン情報が返却されればOKです（インストールする環境やタイミングによってバージョンは異なります）。

```
Docker Compose version v2.5.1
```

インストールしたDocker Desktopのバージョンが古い場合などには、以下のようにdocker composeコマンドが見つからない場合があります。

```
docker: 'compose' is not a docker command.
See 'docker --help'
```

この場合は古いdocker-compose v1がインストールされている可能性があるので、docker composeではなくdocker-composeコマンドの有無を調べます。

```shell
$ docker-compose version
```

インストールされていれば、以下のように表示されます。

コマンド結果
```
docker-compose version 1.29.0, build 07737305
docker-py version: 5.0.0
CPython version: 3.9.0
OpenSSL version: OpenSSL 1.1.1h  22 Sep 2020
```

該当する場合は、本書ではdocker composeをdocker-composeと読み替えて進めてください。

メモ docker composeとdocker-compose

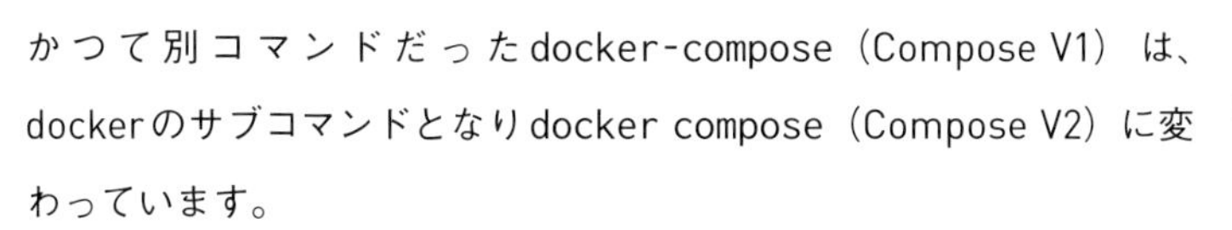

かつて別コマンドだったdocker-compose（Compose V1）は、dockerのサブコマンドとなりdocker compose（Compose V2）に変わっています。
バージョン移行期間のdockerバージョンでは、引き続きdocker-composeも利用できますが、このコマンドは実際には単にdocker composeのエイリアスとなっています。
docker composeのサブコマンド（docker compose upやdocker compose buildなど）はCompose V1と同様に動作することを期待して実装されているので基本的には利用する側はバージョンの差異を意識する必要はありませんが、Compose V2以降の機能追加はV1には取り込まれませんのでご注意ください。
内部で何が変わっているかというと、これまでCompose V1はPythonで書かれていたのですが、Compose V2はGoで書かれています。Compose V1はPythonランタイムへの依存が発生するため、環境ごとにライブラリの依存解決を行わなければならない問題がありました。GoではOSやCPUアーキテクチャごとにバイナリを生成できるため、この環境ごとの依存解決問題が解消されています。

参考
URL https://www.docker.com/blog/announcing-compose-v2-general-availability/

04 Windowsの場合の注意点

Windowsを利用する場合の、追加の注意点を見てみましょう。

改行コードに関して

Windowsを利用されている方は、テキストファイルの改行コードとしてCRLF（\r\n）を利用するのが一般的です。一方、MacやLinuxではLF（\n）が一般的です。

本書で利用しているDocker imageはすべてLinux OSをベースとしていますので、本書でファイルを生成していく前に、基本的にエディタの改行コードをあらかじめLFに設定しておくことをおすすめします。

例えば、PyCharmでは以下のように設定できます。

1.「Settings」より、「Code Style」のページに進む
2.「General」タブより（図3.15❶）、「Line separator」から「Unix and macOS (¥n)」を選択する（図3.15❷）

同様に、VSCodeでは以下のように設定します。

1. [Ctrl] + [,] キーで「Settings（設定）」を開く
2.「eol」で検索し（図3.16❶）、「Files: Eol」から「\n」（LF）を選択する（図3.16❷）

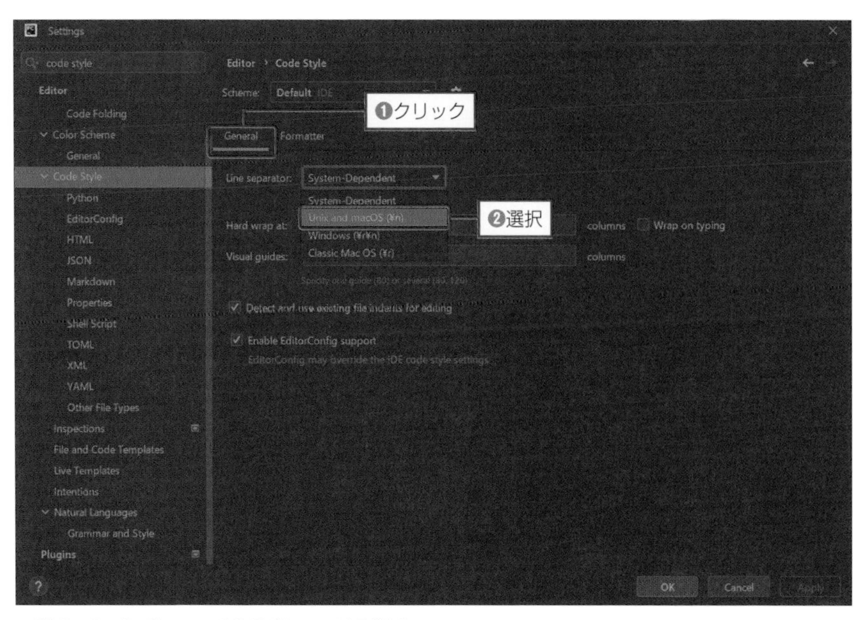

▲図3.15：PyCharmでの改行コードの設定

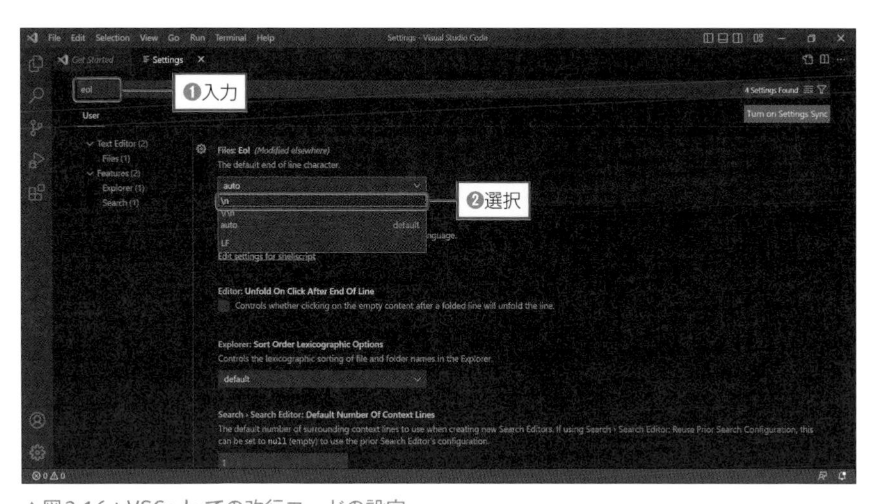

▲図3.16：VSCodeでの改行コードの設定

また、gitの設定によってはcheckoutやcommit時に、改行コードを自動的にWindows用にCRLFに変換する機能が有効になっていることがあります。

せっかくエディタの改行コードをLFに設定しても、別の環境で書かれたファイルを開いた場合にCRLFで開いてしまっては不便ですので、以下のコマンドで機能をOFFにしておくことをおすすめします。

shell
```
> git config --global core.autocrlf false
```

docker composeで利用するメモリについて

Docker DesktopでもRancher Desktopでも共通することですが、WindowsでのDockerはWSL2の仮想マシン上で動いています（Docker DesktopではWSL Integrationが有効な場合）。

WSL2では仮想マシンのメモリを動的に割り当てられるのですが、設定によってはホストマシンに対して仮想マシンに多くのメモリを割り当てすぎることがあります。その結果、仮想マシン中でのメモリの使用状況に応じてホストマシンが重くなってしまう可能性があります。

参考に、WSL2のバージョンによっても異なりますが、筆者の8GBマシンではデフォルト設定では6GB以上が利用できる状態になっており、ファンが回り続けホストマシンの動作に影響が出ていました。

この問題への対策として、仮想マシンが利用できるメモリに上限を設定することができます。

`C:¥Users¥{ユーザー名}¥.wslconfig`というファイルを作成します。ファイルの中身はリスト3.1のようにします。

▼リスト3.1：C:¥Users¥{ユーザー名}¥.wslconfig

```
[wsl2]
memory=2GB
```

メモリの容量はホストマシンの余力にあわせて設定してください。本書でのコンテナ構成だと、2GB程度あれば問題ありません。

設定ファイルを置いた後にOSを再起動すると、図3.17のようにWSL2で利用できるメモリが制限されたことが確認できます。

```
選択C:¥Windows¥System32¥wsl.exe
/mnt/c/Windows/system32 # free -h
              total        used        free      shared  buff/cache   available
Mem:           1.9G        1.1G       69.8M      316.0K      827.4M      713.3M
Swap:          1.0G        9.6M     1014.4M
```

▲図3.17：WSL2で制限されたメモリ

次章では、docker composeを使ってPythonとFastAPIをインストールしていきます。

05 まとめ

第3章では以下のことを解説しました。

- docker composeを使う意義
- Dockerのインストール
- Dockerの動作確認
- Windowsの場合の注意点

Part1
開発環境とFastAPIの準備

Chapter4

Dockerイメージの作成

前章でインストールしたdocker composeを使って、Python環境の準備およびFastAPIのインストールを行う準備をします。

P01 docker compose 関連ファイルの作成

docker compose関連ファイルを作成しましょう。

最初に、適当な場所にプロジェクトディレクトリを作成し、プロジェクトディレクトリの直下に、リスト4.1とリスト4.2の2ファイルを用意してください。

▼リスト4.1：docker-compose.yaml

```yaml
version: '3'
services:
  demo-app:
    build: .
    volumes:
      - .dockervenv:/src/.venv
      - .:/src
    ports:
      - 8000:8000  # ホストマシンのポート8000を、docker内のポート8000に⏎
接続する
    environment:
      - WATCHFILES_FORCE_POLLING=true  # 環境によってホットリロードのた⏎
めに必要
```

▼リスト4.2：Dockerfile

Dockerfile

```
# python3.11のイメージをダウンロード
FROM python:3.11-buster
# pythonの出力表示をDocker用に調整
ENV PYTHONUNBUFFERED=1

WORKDIR /src

# pipを使ってpoetryをインストール
RUN pip install poetry

# poetryの定義ファイルをコピー（存在する場合）
COPY pyproject.toml* poetry.lock* ./

# poetryでライブラリをインストール（pyproject.tomlが既にある場合）
RUN poetry config virtualenvs.in-project true
RUN if [ -f pyproject.toml ]; then poetry install --no-root; fi

# uvicornのサーバーを立ち上げる
ENTRYPOINT ["poetry", "run", "uvicorn", "api.main:app", "--host", ⏎
"0.0.0.0", "--reload"]
```

それぞれのファイルの役割を簡単に紹介しておきます（表4.1）。

▼表4.1：docker compose用設定ファイル

ファイル名	役割
docker-compose.yaml	docker composeの定義ファイル。この中で、Dockerfileを呼び出して、Dockerコンテナのビルドを行います。
Dockerfile	Dockerの定義ファイル。利用する公開イメージ（今回はPython 3.11がインストールされたOSイメージ）を取得し、Poetry（第5章で説明）によって、パッケージ定義ファイルであるpyproject.tomlをもとに各Pythonパッケージをインストールします。

最後に、docker内での.venvディレクトリに対応する.dockervenvディレクトリを作成しておきます。

shell

```
$ mkdir .dockervenv
```

現時点でのディレクトリ構造は図4.1のようになります。なお、.dockerenvは.から始まる隠しディレクトリなので、以後ディレクトリ構造を紹介する際には省略します。

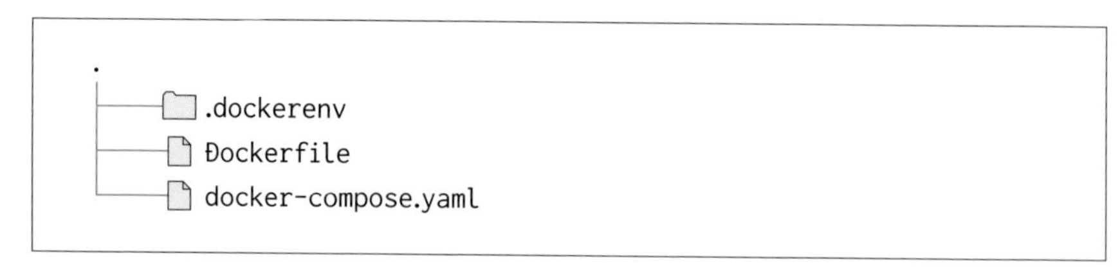

▲図4.1：現時点でのプロジェクトのディレクトリ構造

P 02 イメージのビルド

作成したイメージをビルドしてみましょう。

前節のdocker compose関連のファイルがあるディレクトリに移動し、以下のコマンドでDocker imageを作成します。

shell

```
$ docker compose build
```

環境によりますが、以下のように出力されればimageの作成は成功です。

コマンド結果

```
Building demo-app
[+] Building 1.0s (11/11) FINISHED
 => [internal] load build definition from Dockerfile
 => => transferring dockerfile: 32B
 => [internal] load .dockerignore
 => => transferring context: 2B
 => [internal] load metadata for docker.io/library/python:3.11-buster
 => [internal] load build context
 => => transferring context: 2B
 => [1/6] FROM docker.io/library/python:3.11-buster@sha256:d3d6d5db8a⏎
74d0a8c8b6d94d59246c0b20054db3c710b24eebf8e25992369c2e
 => [internal] load build context
 => => transferring context: 115B
 => CACHED [2/6] WORKDIR /src
 => CACHED [3/6] RUN pip install poetry
 => CACHED [4/6] COPY pyproject.toml* poetry.lock* ./
 => CACHED [5/6] RUN poetry config virtualenvs.in-project true
 => CACHED [6/6] RUN if [ -f pyproject.toml ]; then poetry install ⏎
--no-root; fi
 => exporting to image
 => => exporting layers
 => => writing image sha256:ae079631e7a4ce5ba76080d61293d4b0666341b65⏎
c8c672af366d6938165abae
 => => naming to docker.io/library/fastapi-book-example_demo-app
```

P03 まとめ

第4章では以下のことを解説しました。

- docker compose関連ファイルの作成
- イメージのビルド

Part1
開発環境とFastAPIの準備

Chapter5

FastAPIのインストール

前章で準備したDockerイメージを利用して、実際にPython環境の準備およびFastAPIのインストールを行います。

P01 PoetryによるPython環境のセットアップ

FastAPIのインストールの前に、インストールに使用するPoetryについて説明します。

ここで、簡単にPoetryについて触れておきましょう。Poetry（URL https://python-poetry.org/）はPythonのパッケージ管理を行ってくれるツールです。RubyにおけるBundlerやJavaにおけるMavenのように、パッケージ同士の依存関係を解決してくれます。

Pythonでは、最もプリミティブなパッケージ管理としてpipが有名ですが、Poetryではpipが行わないパッケージ同士の依存関係の解決や、lockファイルを利用したバージョン固定、Pythonの仮想環境管理など、より高機能でモダンなバージョン管理が行えます。

初回は、Poetryが依存関係を管理するために利用するpyproject.tomlが存在しません。Poetryを使ってFastAPIをインストールするために、依存関係を記述したpyproject.tomlを作成していきましょう。

以下のコマンドを実行します。

```shell
$ docker compose run \
  --entrypoint "poetry init \
    --name demo-app \
    --dependency fastapi \
    --dependency uvicorn[standard]" \
  demo-app
```

上記のコマンドは少し複雑ですが、先ほど作ったDockerコンテナ（demo-app）の中で、poetry initコマンドを実行しています。引数として、fastapi

と、ASGIサーバーであるuvicorn（第15章3節で詳しく説明）をインストールする依存パッケージとして指定しています。

このコマンドにより、インタラクティブなダイアログが始まります。

Authorのパートのみnの入力が必要ですが、それ以外はすべてEnterで進めていけば問題ありません。

最後に、Generated fileとしてpyproject.tomlファイルのプレビューが出てきますが、以下のようになっていれば成功です（fastapiとuvicornのバージョンは本書執筆時のものですが、実行時の最新のものが表示されているはずです）。

コマンド結果

```
This command will guide you through creating your pyproject.toml config.

Version [0.1.0]:
Description []:
Author [None, n to skip]:  n
License []:
Compatible Python versions [^3.11]:

Using version ^0.91.0 for fastapi
Using version ^0.20.0 for uvicorn
Would you like to define your main dependencies interactively? ⏎
(yes/no) [yes]
You can specify a package in the following forms:
  - A single name (requests): this will search for matches on PyPI
  - A name and a constraint (requests@^2.23.0)
  - A git url (git+https://github.com/python-poetry/poetry.git)
  - A git url with a revision (git+https://github.com/python-poetry/⏎
poetry.git#develop)
  - A file path (../my-package/my-package.whl)
  - A directory (../my-package/)
  - A url (https://example.com/packages/my-package-0.1.0.tar.gz)

Package to add or search for (leave blank to skip):

Would you like to define your development dependencies interactively? ⏎
(yes/no) [yes]
Package to add or search for (leave blank to skip):

Generated file
```

```
[tool.poetry]
name = "demo-app"
version = "0.1.0"
description = ""
authors = ["Your Name <you@example.com>"]
readme = "README.md"
packages = [{include = "demo_app"}]

[tool.poetry.dependencies]
python = "^3.11"
fastapi = "^0.91.0"
uvicorn = {extras = ["standard"], version = "^0.20.0"}


[build-system]
requires = ["poetry-core"]
build-backend = "poetry.core.masonry.api"


Do you confirm generation? (yes/no) [yes]
```

メモ Poetryを使う意義

Poetryは高度なパッケージ管理を提供してくれますが、そのうちの一機能である仮想環境管理機能は「環境を閉じ込める」ことを可能にします。つまり、この機能においてはDockerのメリットと重複しています。

Dockerはコンテナにより、「環境を閉じ込め」た上でその環境を本番環境にそのまま持ち込むことを可能にするという点で、Poetryの仮想環境管理だけでは不可能な利便性を提供しています。

それでは、Poetryを利用するメリットは何でしょうか？

pipではrequirements.txtのみに依存するのに対し、Poetryはpyproject.yamlとpoetry.lockの２ファイルでパッケージ管理を行います。requirements.txtだけではインストール時の依存ライブラリのバージョン固定が難しく、依存ライブラリの不用意なアップデートを引き起こしてしまう原因になり得ます。その他、Poetryでは作成しているプロジェクト自身をライブラリとして公開したい場合にも利用することができるなど、多くのメリットを享受できます。
Dockerと併用する場合において、「環境を閉じ込める」という観点だけに限ってはパッケージ管理にシンプルなpipを利用することも選択できますが、こうした理由により、本書ではDockerとPoetryを併用しています。

P02 FastAPIのインストール

準備したpyproject.tomlを利用して、FastAPIをインストールしましょう

前節でFastAPIを依存パッケージに含む、Poetryの定義ファイルを作成しました。

以下のコマンドで、FastAPIを含むパッケージのインストールを行います。

```shell
$ docker compose run --entrypoint "poetry install --no-root" demo-app
```

依存パッケージのダウンロードが始まり、インストールが完了します。--no-rootオプションで、これから作成するdemo-appパッケージ自体をPoetryのインストール対象から除外しています。

コマンド結果

```
The virtual environment found in /src/.venv seems to be broken.
Recreating virtualenv demo-app in /src/.venv
Updating dependencies
Resolving dependencies... (1.9s)

Writing lock file

Package operations: 16 installs, 0 updates, 0 removals

  • Installing idna (3.4)
  • Installing sniffio (1.3.0)
  • Installing anyio (3.6.2)
  • Installing typing-extensions (4.4.0)
  • Installing click (8.1.3)
  • Installing h11 (0.14.0)
  • Installing httptools (0.5.0)
```

```
  • Installing pydantic (1.10.4)
  • Installing python-dotenv (0.21.1)
  • Installing pyyaml (6.0)
  • Installing starlette (0.24.0)
  • Installing uvloop (0.17.0)
  • Installing watchfiles (0.18.1)
  • Installing websockets (10.4)
  • Installing fastapi (0.91.0)
  • Installing uvicorn (0.20.0)
```


上記のインストールが完了した際に、プロジェクトディレクトリ直下にpoetry.lockファイルが作成されていることを確認します。poetry.lockはpoetry install時に作成され、実際にインストールしたパッケージの情報が書き込まれています。これにより、別の環境で新しくpoetry installを実行した際にも全く同じパッケージバージョンをインストールすることが可能になります。

poetry initとpoetry installの2つのコマンドにより、pyproject.tomlとpoetry.lockファイルが準備できました。これにより、Dockerイメージを一から作った際は、FastAPIを含んだPython環境を、イメージの中に含めることができるようになりました。新しいPythonパッケージを追加した場合などは以下のようにイメージを再ビルドするだけで、pyproject.tomlが含むすべてのパッケージをインストールすることができます。

shell

```
$ docker compose build --no-cache
```

--no-cacheオプションを付けることで、pyproject.tomlなどに変更があった際に、キャッシュを利用せずに再ビルドが走ります。

P03 ローカルの開発環境の整備

ローカルでの開発がやりやすいように整備しておきましょう。

前節の方法で、実際のAPIに利用するPoetry環境の整備が完了しました。ローカルで開発される場合はPyCharmやVSCodeのようなIDEを利用されている方も多いかと思います。Dockerコンテナの中のPython環境は、ローカル環境と異なるパス定義となるため、そのままではパッケージの参照ができず、エラーを示す下線が表示されてしまいます。

PyCharmの場合、Professional版であればdocker composeインタープリターが利用可能です。

参考：Docker Composeを使用してインタープリターを構成する | PyCharm
URL https://pleiades.io/help/pycharm/using-docker-compose-as-a-remote-interpreter.html

VSCodeの場合、Dev Containersの仕組みを使うことで、Dockerコンテナ内のファイルを直接編集することが可能です。

参考：Developing inside a Container（英語）
URL https://code.visualstudio.com/docs/devcontainers/containers

IDEがDocker環境に対応していない場合は、Dockerコンテナ内だけでなく、ローカル環境に対しても`poetry install`を実行することにより、IDEがPythonおよびFastAPI環境を認識してくれ、シンタックスハイライトなど便利な機能が利用できます。

この場合は、前述のようにDocker環境の「環境差分の排除」ができなくなるため、プロジェクトを他の端末や他のメンバーと共有する場合などに環境差分が発生し得ることに注意しましょう。

P04 まとめ

第5章では以下のことを解説しました。

- Poetryによる Python環境のセットアップ
- FastAPIのインストール
- ローカルの開発環境の整備

Part1
開発環境とFastAPIの準備

Chapter6

Hello World!

いよいよインストールしたFastAPIでアプリを立ち上げ、Hello World!を表示してみましょう。

P01 Hello World!を表示するためのファイル作成

Hello World!の表示に必要なファイルを作成していきます。

それでは早速、前章で準備した環境でFastAPIを実行してみましょう。

プロジェクトディレクトリ直下に、apiディレクトリを作成し、以下の2ファイルを追加します（リスト6.1、リスト6.2）。

▼リスト6.1：api/__init__.py（空ファイル）

```python
```

▼リスト6.2：api/main.py

```python
from fastapi import FastAPI

app = FastAPI()


@app.get("/hello")
async def hello():
    return {"message": "hello world!"}
```

__init__.pyは、このapiディレクトリがPythonモジュールであることを示す**空ファイル**です。

main.pyにはFastAPIのコードを記述します。

結果として、図6.1のようなディレクトリ構造になります。

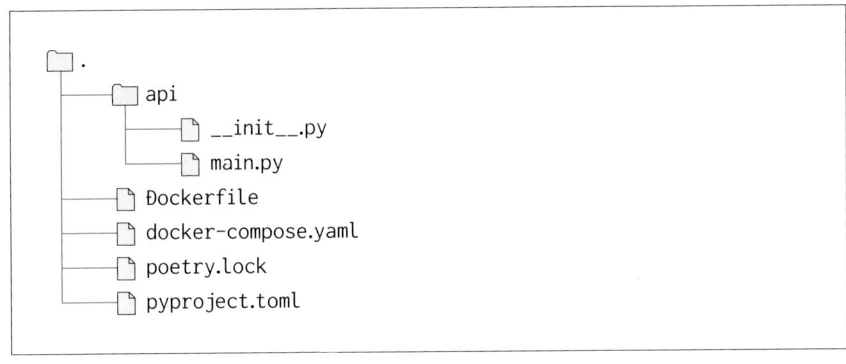

▲図6.1：プロジェクトのディレクトリ構造

詳しいコードの説明は後ほど行いますので、ひとまず実行してHello World!を表示してみましょう。

P02 APIの立ち上げ

APIを立ち上げ、Hello World!を表示してみましょう。

プロジェクトのディレクトリで以下のコマンドを実行し、APIを立ち上げます。

```shell
$ docker compose up
```

すると、以下のようにフォアグラウンドでサーバーが立ち上がった状態になります。

```ログ
demo-app_1  | INFO:     Will watch for changes in these directories: ⏎
['/src']
demo-app_1  | INFO:     Uvicorn running on http://0.0.0.0:8000 (Press ⏎
CTRL+C to quit)
demo-app_1  | INFO:     Started reloader process [1] using WatchFiles
demo-app_1  | INFO:     Started server process [11]
demo-app_1  | INFO:     Waiting for application startup.
demo-app_1  | INFO:     Application startup complete.
```

この状態で、ブラウザで以下のURLにアクセスしてみましょう。

URL http://localhost:8000/docs

すると図6.2のように、`GET /hello`というエンドポイントが現れるはずです。これでサーバーの立ち上げが成功したことがわかります。

この画面を**Swagger UI**と呼びます。Swagger UIは、APIの仕様を示すドキュメントです。REST APIを表現する、OpenAPIという形式で定義されます。

"ドキュメント"と言っても、実はこのUIは単なる静的なドキュメントファイルではなく、実際にAPIの動作を検証することができるスグレモノ（対話的ドキュメント）です。

GUIの/helloが表示されている背景が青色の部分をクリックしてみましょう(図6.2)。

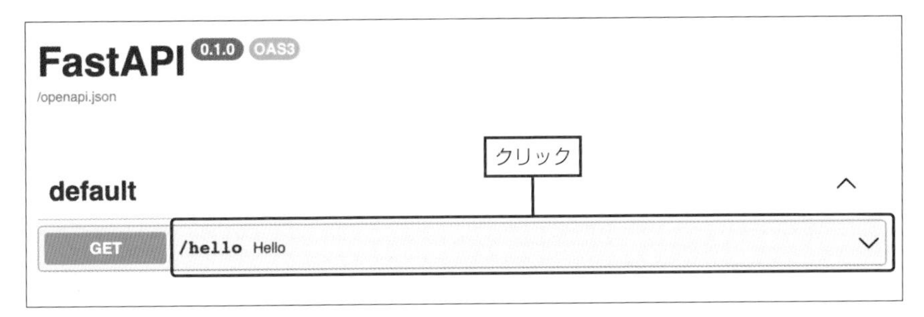

▲図6.2：Swagger UI

図6.3のように領域が大きくなります。
次に、右側の「Try it out」ボタンをクリックします。

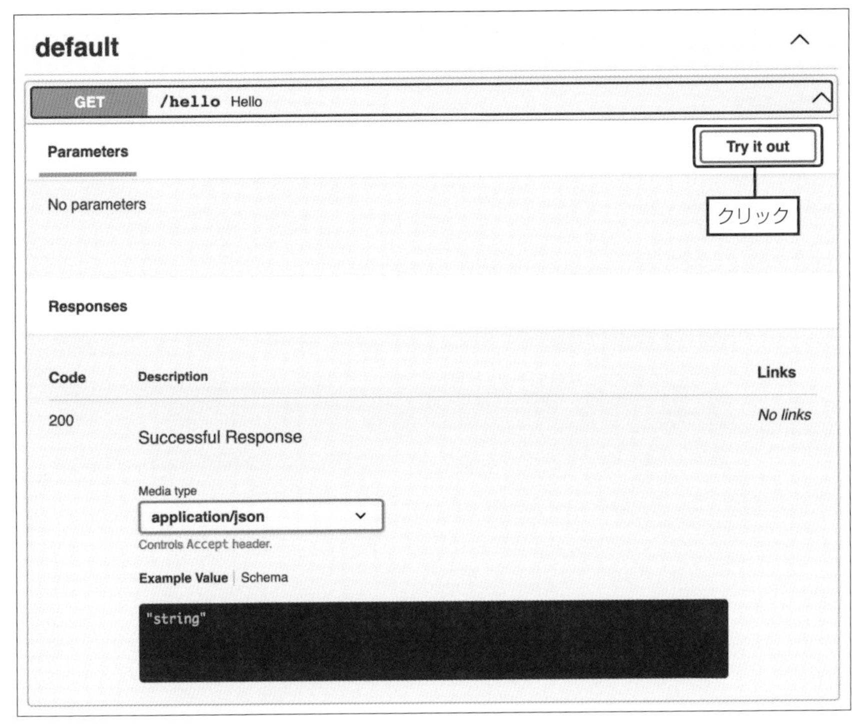

▲図6.3：GET /helloの詳細画面

さらに図6.4の「**Execute**」が現れますので、こちらをクリックします。

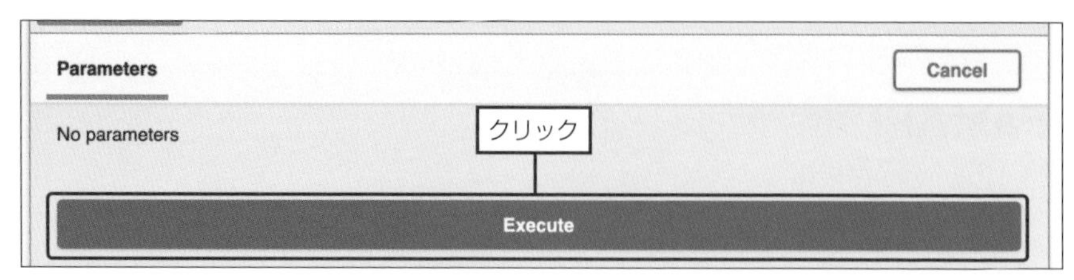

▲図6.4：GET /helloでTry it outの結果

すると、図6.5のようにResponsesに実行されたパラメータと、その際のレスポンス（リスト6.3）が表示されます。

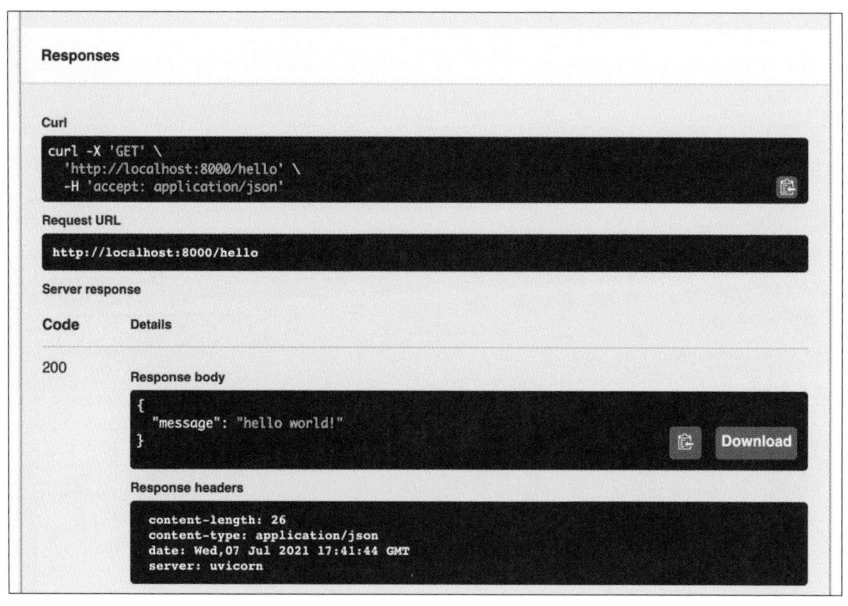

▲図6.5：GET /helloでExecuteの結果

▼リスト6.3：json

JSON

```json
{
  "message": "hello world!"
}
```

メモ デフォルトのレスポンス

レスポンスを見ればわかるとおり、デフォルトではレスポンスはjsonフォーマットで返却されます。
この他にも、FastAPIはHTMLResponseやFileResponseなどさまざまなレスポンスフォーマットに対応しています。

これは、Request URLに表示されているとおり、実際には、

URL http://localhost:8000/hello

のAPIをコールしたときに得られたレスポンスです。
その証拠に、docker compose upしたウインドウには以下のようにAPIリクエストがログとして表示されているはずです。

ログ
```
demo-app_1  | INFO:     172.19.0.1:64064 - "GET /docs HTTP/1.1" 200 OK
demo-app_1  | INFO:     172.19.0.1:64064 - "GET /openapi.json ⏎
HTTP/1.1" 200 OK
demo-app_1  | INFO:     172.19.0.1:64068 - "GET /hello HTTP/1.1" 200 OK
```

何度もExecuteをクリックすると、"GET /hello HTTP/1.1"が複数行表示されるのを確認できます。
FastAPIサーバーはフォアグラウンドで起動している状態です。必要に応じて「Ctrl+C」コマンドで停止します。

P03 コードの意味

Hello World!を表示したコードについて解説します。

それでは、先ほどのmain.py（リスト6.2）の中身を見ていきましょう（リスト6.4、リスト6.5）。

▼リスト6.4：api/main.py

```python
app = FastAPI()
```

このappは、FastAPIのインスタンスです。main.pyはif __name__ == "__main__":節を持ちませんが、実際にはuvicornというASGIサーバーを通してこのファイルのappインスタンスが参照されます。uvicornについては第15章3節で詳しく説明します。

▼リスト6.5：api/main.py

```python
@app.get("/hello")
```

第2章2節で詳しく説明しましたが、@で始まるこの部分を、Pythonでは**デコレータ**と呼びます。Javaのアノテーションや C#の属性（Attribute）と似た形式ですが、Pythonのデコレータは、関数を修飾し、関数に新たな機能を追加します。

このFastAPIインスタンスに対するデコレータで修飾された関数を、FastAPIでは**パスオペレーション関数**と呼びます。

パスオペレーション関数を構成するデコレータは、以下の２つの部分に分かれます。

- パス
- オペレーション

「パス」は"/hello"の部分を指します。
前述のとおり、このAPIは、

URL http://localhost:8000/hello

というエンドポイントを持っています。この`/hello`のエンドポイントのことを「パス」と呼びます。
「オペレーション」は"get"の部分を指します。
これはRESTにおけるHTTPメソッド、すなわちGET/POST/PUT/DELETEに代表されるHTTPメソッドを定義します。
リスト6.2で、`def`の前に`async`がついていたことにお気づきかもしれません。これは非同期であることを伝える修飾子です。後ほど、高速化について説明する際に「第13章 非同期化」で説明をしますので、今はひとまずすべてのパスオペレーション関数の頭に付与しておきましょう。
次章から、ToDoアプリを作成する本書の心臓部であるPart2に入っていきます。まず、作成するToDoアプリについて説明した後、上記で説明したパスオペレーション関数を実際に定義していきます。

P04 まとめ

第6章では以下のことを解説しました。

- Hello World!を表示するためのファイル作成
- APIの立ち上げ
- コードの意味

Part2
FastAPIアプリケーションの実装

Chapter7

アプリケーションの概要とディレクトリ

作成するToDoアプリの概要と、FastAPIのディレクトリ構成について学びます。

01 ToDoアプリの概要

最初に、本書で作成していくToDoアプリとはどんなものか説明します。

本書で作成していくのは簡単なToDoアプリです。すなわち、図7.1のようなアプリです。

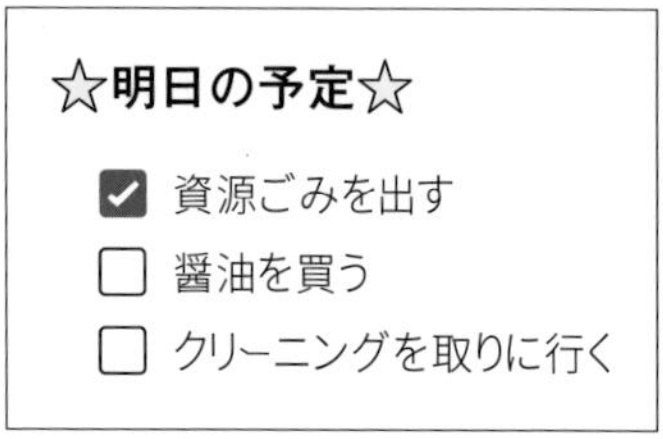

☆明日の予定☆

- [x] 資源ごみを出す
- [ ] 醤油を買う
- [ ] クリーニングを取りに行く

▲図7.1：ToDoアプリのイメージ

P 02 REST API

本書のAPIが従う設計方針であるRESTについて押さえておきましょう。

REST APIでは、HTTPでやり取りする際に、URLですべての「リソース」を定義します。あるリソースを表すエンドポイントと、HTTPメソッド（GET/POST/PUT/DELETEなど）を組み合わせてAPI全体を構成していきます。

RESTの思想や厳密な定義は、他に良書やインターネット上にもわかりやすい説明がたくさんありますので本書では扱いません。現時点で詳しく理解しなくても、実装を進めるとともに感覚的に理解していけるでしょう。

RESTに従って、上記のToDoアプリを実現するのに必要な機能を整理してみます。

- ToDoリストを表示する
- ToDoにタスクを追加する
- ToDoのタスクの説明文を変更する
- ToDoのタスク自体を削除する
- ToDoタスクに「完了」フラグを立てる
- ToDoタスクから「完了」フラグを外す

他にも、日付順にソートしたり、手動で順番を入れ替える、入れ子でToDoタスクを定義できるようにする、などさまざまな機能を追加することで、高機能なアプリを作ることができます。本書では、上記の基本的な機能を作成することとしましょう。

これらの機能は、REST APIでは、

- HTTPメソッド エンドポイント（{}内はパラメータ）

の形式で書くと、以下のように定義することができます。

- GET /tasks
- POST /tasks
- PUT /tasks/{task_id}
- DELETE /tasks/{task_id}
- PUT /tasks/{task_id}/done
- DELETE /tasks/{task_id}/done

もちろん、これが唯一の正解というわけではなく、PATCHを使ったり、「完了」フラグのON/OFFが同じHTTPメソッドで切り替わるトグルにしたり、UIの仕様やDBの仕様に応じて異なるインターフェイスとして定義することもあります。

P03 ディレクトリ構造について

これから作成するToDoアプリのプロジェクトにおける、ディレクトリ構造について説明します。

FastAPIでは、ディレクトリ構造やファイルの分割の仕方は厳密には決められていません。FastAPIの公式ドキュメント（URL https://fastapi.tiangolo.com/ja/tutorial/sql-databases/#file-structure）でもおすすめのディレクトリ構造は記されていますが、プロジェクトが大きくなってから変更する場合は、大規模なリファクタリングを行うことになってしまいます。

本書では、あらかじめ比較的細かくディレクトリを分割することにします。これによって、アプリケーションがある程度の規模になっても耐えられるコードベースを持つ、実用的なAPIを目指します。

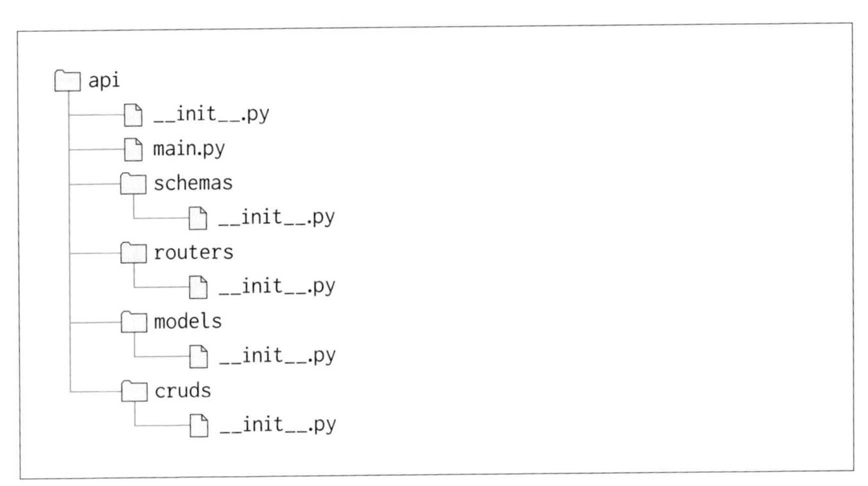

▲図7.2：ToDoアプリのapiディレクトリ構成

図7.2のように、apiディレクトリの下にschemas、routers、models、crudsの4つのディレクトリを用意しましょう。それぞれのディレクトリの役割については、次章以降で説明していきます。

また、`__init__.py`は前章で説明したように、Pythonモジュールであることを表す空ファイルです。

04 まとめ

第7章では以下のことを解説しました。

- ToDoアプリの概要
- REST API
- ディレクトリ構造について

Part2
FastAPIアプリケーションの実装

Chapter8

ルーター（Routers）

ルーター（Routers）と、その中に定義するパスオペレーション関数について解説します。

P01 パスオペレーション関数について

パスオペレーション関数について解説します。

ルーター（Routers）には、第6章で登場したパスオペレーション関数を定義していきます。

パスオペレーション関数は、「パス」と「オペレーション」の組み合わせで定義されると説明しました。これが、前章で説明したREST APIにおける「エンドポイント」と「HTTPメソッド」にそれぞれ対応します。

ということは、勘の良い方はおわかりかと思いますが、ToDoアプリを作成するために、ルーターの中に以下に対応する6つのパスオペレーション関数を定義していくことになります。

- GET /tasks
- POST /tasks
- PUT /tasks/{task_id}
- DELETE /tasks/{task_id}
- PUT /tasks/{task_id}/done
- DELETE /tasks/{task_id}/done

P02 パスオペレーション関数の作成

パスオペレーション関数の作成について解説します。

6つの関数を1つのファイルに持つと、実装の具合によってはファイルの大きさが肥大化し、見通しが悪くなってしまいます。本書で紹介するコードでは処理が比較的単純なため、1ファイルにまとめても大きすぎるわけではありません。しかし、関数に機能を追加するたびにファイルサイズは肥大化するため、あらかじめ明確に分割しておくことでより息の長い実用的な設計となります。

分割は、リソース単位とすることをおすすめします。

今回のToDoアプリの場合、/tasksと/tasks/{task_id}/doneの2つのリソースに大別できるので、それぞれを、api/routers/task.py（リスト8.1）とapi/routers/done.py（リスト8.2）に書いていくことにしましょう。

▼リスト8.1：api/routers/task.py

Python

```
from fastapi import APIRouter

router = APIRouter()


@router.get("/tasks")
async def list_tasks():
    pass


@router.post("/tasks")
async def create_task():
    pass
```

```python
@router.put("/tasks/{task_id}")
async def update_task():
    pass


@router.delete("/tasks/{task_id}")
async def delete_task():
    pass
```


▼リスト8.2：api/routers/done.py

```python
from fastapi import APIRouter

router = APIRouter()


@router.put("/tasks/{task_id}/done")
async def mark_task_as_done():
    pass


@router.delete("/tasks/{task_id}/done")
async def unmark_task_as_done():
    pass
```

メモ passについて

ここで、passは「何もしない文」を表します。

関数は通常returnで値を返却して終了しますが、特に何も返さない関数の場合returnを書く必要はありません。しかし、Pythonはインデントに対して厳密であるため、何もない関数をそのままにすると、関数の中身が見当たらずインデントエラーになってしまいます。この後中身を実装するよ、ということをわかりやすくするためにも、ここではpassと書いておき、先に進みましょう。

これでroutersのプレースホルダの準備は完了です。

しかし、これだけでは先ほどのSwagger UIには現れてくれません。

上記の2ファイルで作成した`router`インスタンスを、FastAPIインスタンスに取り込む必要があります。Hello World!を記述した`api/main.py`をリスト8.3のように書き換えましょう。

▼リスト8.3：api/main.py

Python

```
from fastapi import FastAPI

from api.routers import task, done

app = FastAPI()
app.include_router(task.router)
app.include_router(done.router)
```

03 動作確認

これにより、Swagger UIに、図8.1のように6つのパスオペレーション関数に対応するエンドポイントが追加されました。

▲図8.1：Swagger UIに追加された6つのパスオペレーション関数

Dockerにて FastAPIの環境を構築した際に即座に変更を反映するホットリロードのオプション（`--reload`）を追加していますので、これまでのファイルを保存するだけで、Swagger UIを開いた際に上記のように最新の状態が反映されているはずです（環境によってはリロードがかかるまでに最長20秒程度かかることがあります）。

リスト8.1で定義した`async def list_tasks()`は、Swagger UIでは

List Tasksという説明を加えて表示されています（図8.1❶）。

これは、関数名をもとに自動生成された説明です。Swagger UIをリッチでわかりやすいドキュメントとするために、なるべくわかりやすく名が体を表すような関数名を付けるよう心がけましょう。

ここまでの実装は、ただのプレースホルダに過ぎません。それを確認するため、図8.2のようにPOST /tasksのパスオペレーションを開いてみましょう。

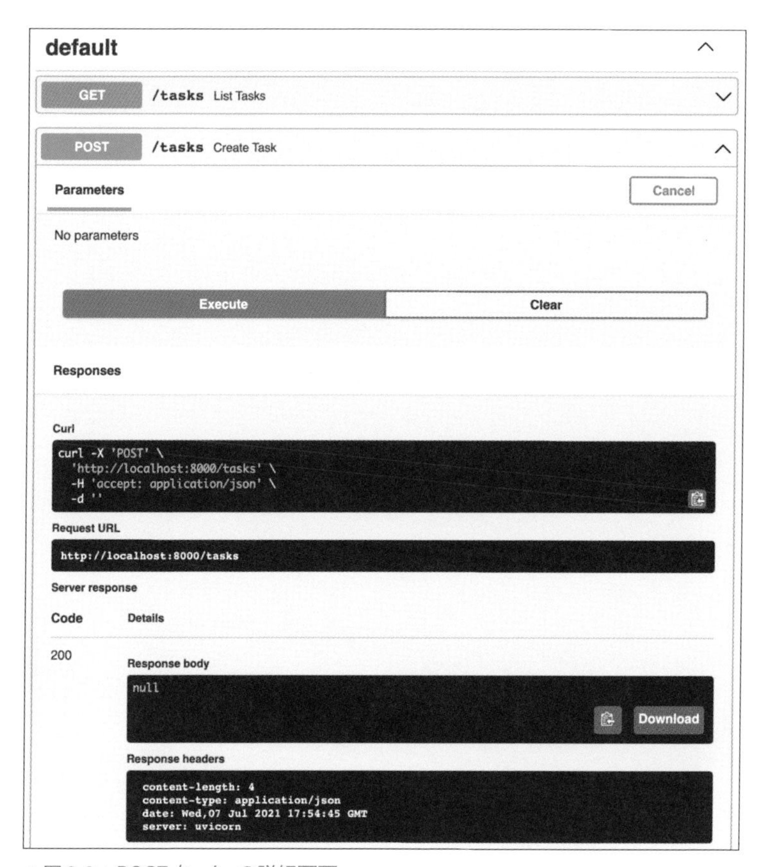

▲図8.2：POST /tasksの詳細画面

「Try it out」に続けて「Execute」をクリックしても、Response bodyにはnullとだけ返ってきているのがわかります。

次章で、代表的な値を埋めてレスポンスを返すように、「スキーマ」を使って定義していきます。

P04 まとめ

第8章では以下のことを解説しました。

- パスオペレーション関数について
- パスオペレーション関数の作成
- 動作確認

Part2
FastAPI アプリケーションの実装

Chapter9

スキーマ（Schemas）- レスポンス

スキーマ（Schemas）には、APIのリクエストとレスポンスを厳密な型と一緒に定義していきます。本章では、まずレスポンスについて学んでいきます。

P01 型ヒント

スキーマ（schemas）について説明する前に、スキーマ定義で使われる重要なPythonの文法である「型ヒント」について押さえておきましょう。

ご存知のとおり、Pythonは動的型付け言語です。しかし、昨今の動的型付けであっても型を重視するトレンドの例に漏れず、Pythonも**「型ヒント（Type Hint）」**を使って関数のシグネチャなどに型を付与することができます。

通常、型ヒントは実行時に影響を及ぼさず（コードの中身には何も作用せず）、IDEなどに型の情報を与えるものです。しかし、FastAPIでは、依存するPydanticという強力なライブラリによって、この型ヒントを積極的に利用し、**APIの入出力のバリデーション**を行います。

「実行時に影響を及ぼさない」とはどういうことでしょうか？

例えばint型であることを期待して変数numを以下のように定義したとします。

Pythonインタープリター
```
>>> num: int = 1
```

しかし、ここに誤って文字列型の"string"を代入しようとします。

Pythonインタープリター
```
>>> num = "string"
```

Pythonは何もエラーを発しません。あくまでも最初に与えた: intは型ヒントであって、静的型付け言語のように変数の型を限定するものではありません。その証拠に、次のページのように変数の型はstrとなっているのがわかります。

Pythonインタープリター

```
>>> num
'string'
>>> type(num)
<class 'str'>
```

P02 レスポンス型の定義

ToDoアプリのレスポンス型を定義していきます。

それでは、先ほどのパスオペレーション関数にレスポンス型を定義していきましょう。リクエスト型については後ほど扱います（「第10章 スキーマ(Schemas) - リクエスト」)。

api/schemas/task.pyをリスト9.1のように作成します。

▼リスト9.1：api/schemas/task.py

```python
from pydantic import BaseModel, Field


class Task(BaseModel):
    id: int
    title: str | None = Field(None, example="クリーニングを取りに行く")
    done: bool = Field(False, description="完了フラグ")
```

このファイルは、FastAPIのスキーマを表します。APIのスキーマは、APIのリクエストやレスポンスの型を定義するためのもので、第11章に登場するデータベースのスキーマとは異なることに注意しましょう。

それぞれのクラス定義については後ほど説明します。先に、このスキーマを利用して実際にAPIレスポンスが返却できるか確認してみましょう。前章で作成したapi/routers/task.pyのlist_tasks()関数をリスト9.2のように書き換えます。

▼リスト9.2：api/routers/task.py

Python

```
 from fastapi import APIRouter

+import api.schemas.task as task_schema

 router = APIRouter()

-@router.get("/tasks")
-async def list_tasks():
-    pass
+@router.get("/tasks", response_model=list[task_schema.Task])
+async def list_tasks():
+    return [task_schema.Task(id=1, title="1つ目のToDoタスク")]
```

ここではapi.schemas.taskをtask_schemaと読み替えてimportしています。この後第11章にてDBと接続する際のモデル（models）を定義したときに、同名のファイルapi/models/task.pyを定義し、こちらをtask_modelと読み替えて区別するためです。

これで、Swagger UIからアクセスすると、APIにレスポンス（Response body）が追加されたことが確認できます（図9.1）。

▲図9.1：GET /tasksのレスポンス確認

03 レスポンス型定義の説明

前節で定義した、レスポンス型について詳しく見ていきましょう。

それでは先ほど定義したスキーマの中身を説明していきます（リスト9.3）。

▼リスト9.3：api/schemas/task.py

Python

```python
class Task(BaseModel):
    id: int
    title: str | None = Field(None, example="クリーニングを取りに行く")
    done: bool = Field(False, description="完了フラグ")
```

BaseModelはFastAPIのスキーマモデルであることを表すので、このクラスを継承してTaskクラスを作成しています。

Taskクラスはid、title、doneの3フィールドを持ちます。この際、それぞれのフィールドにはint、str | None、boolの型ヒントが付加されています。

また、右辺のFieldはフィールドに関する付加情報を記述します。最初の変数はフィールドのデフォルト値を表します。titleはNone、doneはFalseをデフォルト値に設定しているのがわかります。

exampleはフィールドの値の例をとります。titleは各ToDoタスクのタイトル、すなわち図9.2の文字列部分になります。

☐ クリーニングを取りに行く

▲図9.2：クリーニングを取りに行く

doneは完了フラグを表します。それを説明するのが引数のdescriptionです。これらのスキーマ定義は、Swagger UIの下部からも確認できます（図9.3）。

```
HTTPValidationError >

Task ∨ {
   title                string
                        title: Title
                        example: クリーニングを取りに行く
   id*                  integer
                        title: Id
   done                 boolean
                        title: Done
                        default: false

                        完了フラグ

}
```

▲図9.3：Swagger UI上のスキーマ定義

コラム

Pythonバージョンによる型ヒントの書き方の違い

上記で登場したTaskのtitleフィールドの型ヒントは、title: str | None となっています。これは、型がstrあるいはNoneであることを表します。

実は、Python3.9以前ではこの | という演算子が存在しなかったため、Optional[str]と書く必要がありました。また、このOptionalは言語の予約語や演算子でないために、利用するためにtypingモジュールを利用し、from typing import Optionalという一文が余計に必要でした（リスト9.4）。
なお、オプショナル型をOptionalと表記するのは他の言語でもよくある表記ですので、こちらの表記を好む場合はPython3.10以降でも引き続き利用することが可能です。

▼リスト9.4：api/schemas/task.py（Python3.9以前の場合）

```python
from typing import Optional

class Task(BaseModel):
    id: int
    title: Optional[str] = Field(None, example="クリーニングを⏎
取りに行く")
    done: bool = Field(False, description="完了フラグ")
```

また、Python3.9以降ではstrのlistはlist[str]、同様にintをkey、strをvalueに取るdictもdict[int, str]のように表記が可能です。しかし、Python3.8以前ではこの表記ができなかったため、同様にtypingモジュールを利用して、from typing import List, Dictを事前にimportした上で、List[str]やDict[int, str]と記載する必要がありました。

P04 ルーターに定義したレスポンスの説明

スキーマファイルの次に、ルーターに加えた変更についても見ていきます。

▼リスト9.5：api/routers/task.py

Python
```
@router.get("/tasks", response_model=list[task_schema.Task])
async def list_tasks():
    return [task_schema.Task(id=1, title="1つ目のToDoタスク")]
```

ルーターでは、先ほど定義したスキーマを利用して、APIのリクエストとレスポンスを定義していきます（リスト9.5）。GET /tasksではリクエストパラメータやリクエストボディは取りませんので、レスポンスだけを定義します。

レスポンスのスキーマとして、パスオペレーション関数のデコレータにresponse_modelをセットします。GET /tasksは、スキーマに定義したTaskクラスを複数返しますので、リストとして定義します。ここでは、response_model=list[task_schema.Task]となります。

現時点ではまだDBなどとの接続はなく、Taskデータの保存は考慮されていない状態です。ひとまずダミーのデータを常に返却する関数として定義しておきます。

idとtitleを任意の内容にし、doneはデフォルトでFalseなのでここでは指定しません。ダミーデータとして、[task_schema.Task(id=1, title="1つ目のToDoタスク")]を返却しておきます。

05 型定義の強力さ

FastAPIでは型定義は強力で、型ヒントは重要な意味を持ちます。

本章ではスキーマを定義してきました。また、スキーマを表すクラスの各フィールドには、厳密に型ヒントを付与しました。

本章冒頭で、FastAPIにおいて型ヒントは単なるIDEの型チェックだけのためではなく、実行時の評価にも使われる、と説明しました。

その証拠に、リスト9.6のようにtitleの型定義をstr | None（Optional[str]）からbool | None（Optional[bool]）に変更して、Swagger UIからGET /tasksのAPIをコールしてみてください。

▼リスト9.6：api/schemas/task.py

```python
class Task(BaseModel):
    id: int
-   title: str | None = Field(None, example="クリーニングを取りに行く")
+   title: bool | None = Field(None, example="クリーニングを取りに行く")
    done: bool = Field(False, description="完了フラグ")
```

レスポンスがInternal Server Errorに変わったはずです。

ターミナルを確認すると、

```
pydantic.error_wrappers.ValidationError: 1 validation error for Task
title
  value could not be parsed to a boolean (type=type_error.bool)
```

とレスポンスのバリデーションにfailしているのがわかります。

Pythonを含む動的型付け言語では、通常型を意識しないため、この型ヒントがなければAPIが思わぬ型で値を返却することになります。結果としてフロントエンドでのエラーを招き、アプリケーションのユーザーに影響が出ることにも繋がります。型の不整合を防ぐためにはバリデーションが必要になります。通常ですとtitleの中身がstrであることのバリデーションを自前で用意することになります。

しかし、本書ではここまででバリデーションのための実装は一切していないことを思い出してください。「型ヒントを利用してバリデーションを自動で行ってくれる」ことこそが、第1章で述べたFastAPIが型安全であることの真髄なのです。

レスポンスだけではAPIの型定義のありがたみがわかりづらいかもしれません。この後説明していくリクエストの型ではその力をもっと発揮します。

最後に、忘れずにリスト9.6で行った変更を元に戻しておきましょう。

06 まとめ

第9章では以下のことを解説しました。

- 型ヒント
- レスポンス型の定義
- レスポンス型定義の説明
- ルーターに定義したレスポンスの説明
- 型定義の強力さ

Part2
FastAPIアプリケーションの実装

Chapter10

スキーマ（Schemas）- リクエスト

次に、スキーマ（Schemas）のうち、リクエストについて学んでいきます。

P01 リクエストの定義

ToDoアプリのリクエスト型を定義していきます。

前章では、リクエストパラメータを取らないGET関数を定義しました。本章では、GET /tasksと対になる、POST /tasksに対応するcreate_task()関数を定義していきます。

POST関数では、リクエストボディを受け取り、データを保存します。

スキーマ

リスト9.2で定義したGETの関数では、idを持つTaskインスタンスを返却していました。これに対し、通常POST関数ではidを指定せず、DBで自動的にidを採番することが多いです。

また、doneフィールドに関しても、作成時は常にfalseであるため、POST /tasksのエンドポイントからは除きます。

そのため、POST関数は、リクエストボディとしてtitleのフィールドだけ受け取ることとします。POSTのために新たにid、doneフィールドを持たないTaskCreateクラスを定義します（リスト10.1）。

▼リスト10.1：api/schemas/task.py

Python

```python
class TaskCreate(BaseModel):
    title: str | None = Field(None, example="クリーニングを取りに行く")
```

すると、TaskとTaskCreateの共通するフィールドはtitleのみなので、titleのみを持つ両方のベースクラスとして、TaskBaseを定義し、TaskとTaskCreateはこれを利用するように書き換えます。(リスト10.2)。

▼リスト10.2：api/schemas/task.py

```python
+class TaskBase(BaseModel):
+    title: str | None = Field(None, example="クリーニングを取りに行く")


-class TaskCreate(BaseModel):
+class TaskCreate(TaskBase):
-    title: str | None = Field(None, example="クリーニングを取りに行く")
+    pass


-class Task(BaseModel):
+class Task(TaskBase):
     id: int
-    title: str | None = Field(None, example="クリーニングを取りに行く")
     done: bool = Field(False, description="完了フラグ")

+    class Config:
+        orm_mode = True
```

ここで、orm_modeはこの後「第12章 DB操作（CRUDs）」でDBと接続する際に使用します。説明は「第12章 DB操作（CRUDs）」を参照してください。

さらに、TaskCreateのレスポンスとしてTaskCreateにidだけを追加したTaskCreateResponseも定義します（リスト10.3）。

▼リスト10.3：api/schemas/task.py

```python
class TaskCreateResponse(TaskCreate):
    id: int

    class Config:
        orm_mode = True
```

まとめると、api/schemas/task.pyのクラス定義部分は最終的に次のページのようになります（リスト10.4）。

▼リスト10.4：api/schemas/task.py

```python
class TaskBase(BaseModel):
    title: str | None = Field(None, example="クリーニングを取りに行く")


class TaskCreate(TaskBase):
    pass


class TaskCreateResponse(TaskCreate):
    id: int

    class Config:
        orm_mode = True


class Task(TaskBase):
    id: int
    done: bool = Field(False, description="完了フラグ")

    class Config:
        orm_mode = True
```

ルーター

これを利用して、ルーターにPOSTのパスオペレーション関数create_task()を定義していきます（リスト10.5）。

▼リスト10.5：api/routers/task.py

```python
@router.post("/tasks", response_model=task_schema.TaskCreateResponse)
async def create_task(task_body: task_schema.TaskCreate):
    return task_schema.TaskCreateResponse(id=1, **task_body.dict())
```

本来は、リクエストパラメータに応じてDBへの保存を行いたいところですが、ここではまずはAPIとして正しい型のデータを受け取り、正しい型でレスポンスを返すようにしてみましょう。そのため、受け取ったリクエストボディにidを付与して、レスポンスデータを返すようにします。

create_task()関数の引数に指定しているのがリクエストボディtask_body: task_schema.TaskCreateです。

先ほど説明したとおり、リクエストに対してレスポンスデータはidを持ちます。リクエストボディのクラスtask_schema.TaskCreateをいったんdictに変換し、これらのkey/valueおよびid=1を持つtask_schema.TaskCreateResponseインスタンスを作成します。これがtask_schema.TaskCreateResponse(id=1, **task_body.dict())です。

ここで、dictインスタンスに対して先頭に**を付けることで、dictを**キーワード引数として展開**し、task_schema.TaskCreateResponseクラスのコンストラクタに対してdictのkey/valueを渡します。

つまり、これはtask_schema.TaskCreateResponse(id=1, title=task_body.title, done=task_body.done)と書くのと等価となります。

動作確認

前のページで定義したPOSTエンドポイントをコールしてみましょう。

リクエスト時のリクエストボディ（Request body）にidが付与され、そのままレスポンス（Responses）に返ってきているのがわかります（図10.1）。

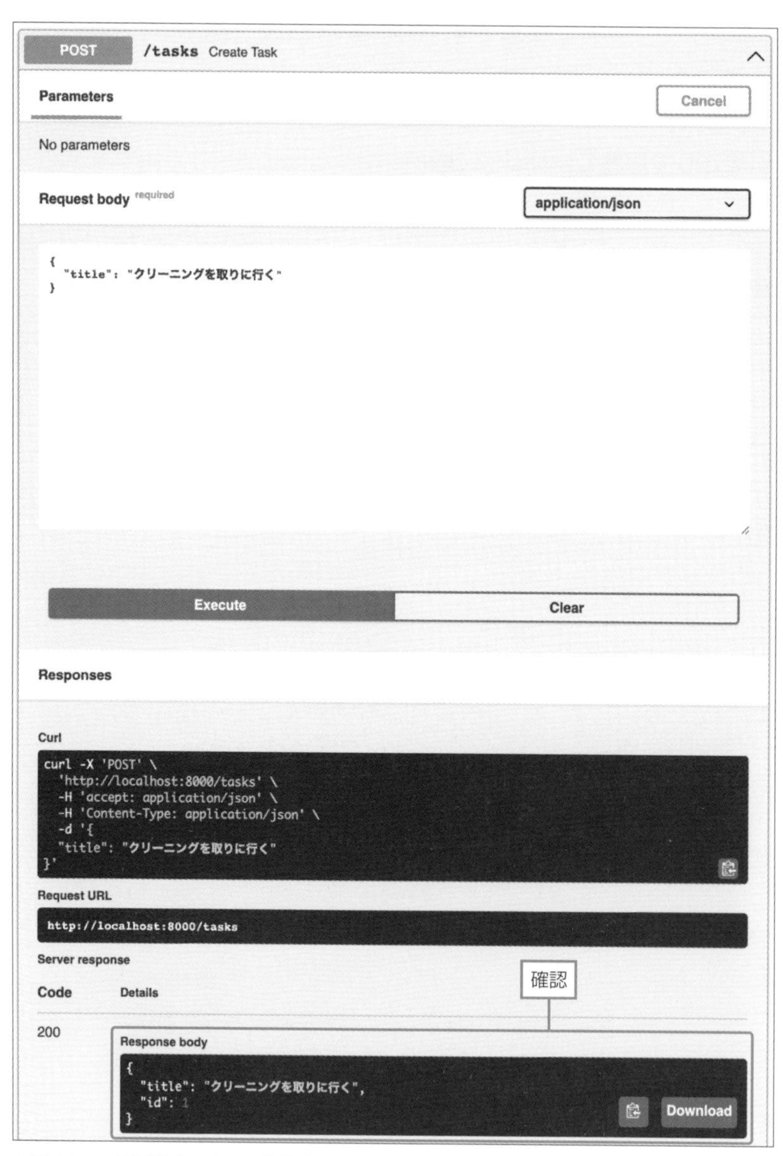

▲図10.1：POST /tasksの動作確認

リクエストボディ（Request body）を以下のように変更することで、動的にレスポンス（Responses）が書き換わることを確認することができます（図10.2）。

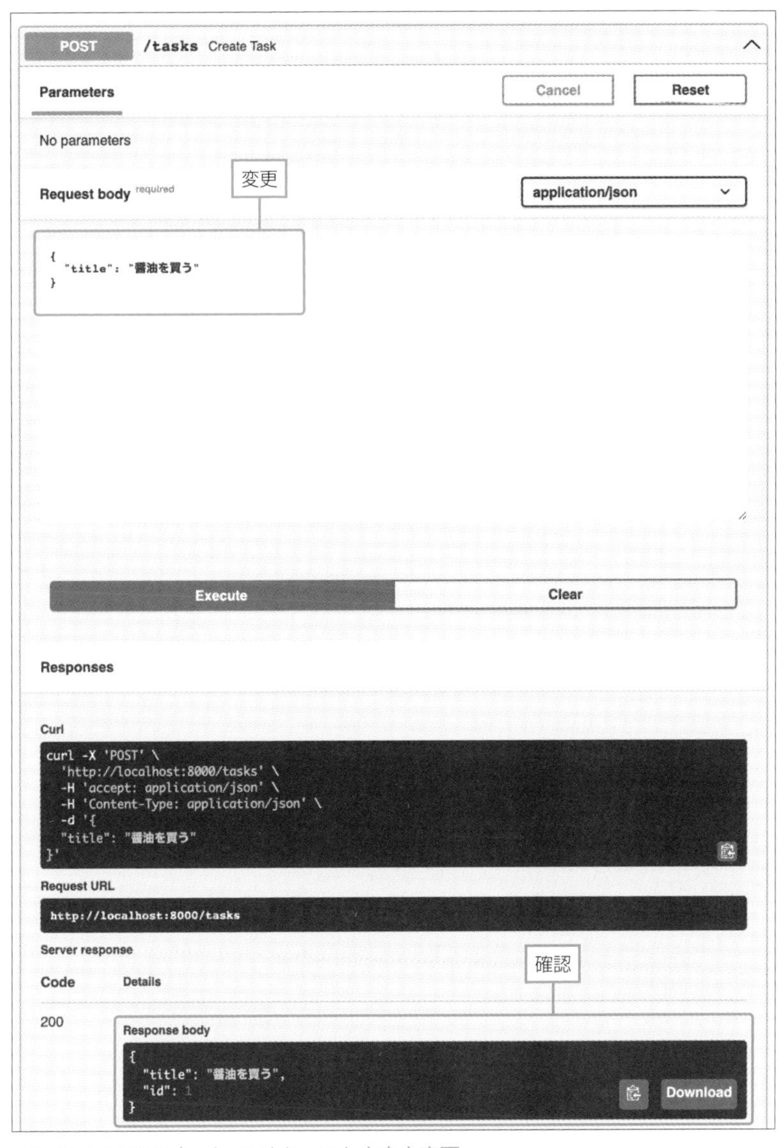

▲図10.2：POST /tasksのリクエスト内容を変更

P02 残りのすべてのリクエストとレスポンスの定義

GET /tasksとPOST /tasks以外のリクエストとレスポンスを同様に定義していきます。

ルーターには全部でパスオペレーション関数が6つしかありませんので、他の関数もすべてリクエストとレスポンスを埋めていきましょう。

最終的に、api/routers/task.pyとapi/routers/done.pyの関数定義はリスト10.6、リスト10.7のようになります。

▼リスト10.6：api/routers/task.py

```python
@router.get("/tasks", response_model=list[task_schema.Task])
async def list_tasks():
    return [task_schema.Task(id=1, title="1つ目のToDoタスク")]


@router.post("/tasks", response_model=task_schema.TaskCreateResponse)
async def create_task(task_body: task_schema.TaskCreate):
    return task_schema.TaskCreateResponse(id=1, **task_body.dict())


@router.put("/tasks/{task_id}", response_model=↵
task_schema.TaskCreateResponse)
async def update_task(task_id: int, task_body: task_schema.TaskCreate):
    return task_schema.TaskCreateResponse(id=task_id, ↵
**task_body.dict())


@router.delete("/tasks/{task_id}", response_model=None)
async def delete_task(task_id: int):
    return
```

▼リスト10.7：api/routers/done.py

Python
```
@router.put("/tasks/{task_id}/done", response_model=None)
async def mark_task_as_done(task_id: int):
    return


@router.delete("/tasks/{task_id}/done", response_model=None)
async def unmark_task_as_done(task_id: int):
    return
```

doneに関する関数はチェックボックスをON/OFFするだけなのでリクエストボディもレスポンスもありません。シンプルですね。

P03 スキーマ駆動開発について

FastAPIと相性の良い、「スキーマ駆動開発」の考え方について解説します。

さて、本章および「第9章 スキーマ（Schemas）- レスポンス」では、「第8章 ルーター（Routers）」で定義したルーターのプレースホルダに対してリクエストとレスポンスを定義しました。しかし、まだ肝心のデータ保存やデータ読み込みが実装されていないのでAPIとしては役に立ちません。

ルーターとしてはそれぞれのパスオペレーションごとにたった3行のコードを書いたに過ぎませんが、この後の実装ではこれらのリクエストやレスポンス定義には触れないため、この時点で**APIモック**の役割を果たします。すなわち、ここまで準備した段階で、フロントエンドとバックエンドのインテグレーションを開始することができるのです。

もちろん、条件によってリクエストやレスポンスの型が変わったり、異常ケースのすべてを扱えないことはあります。しかし、少なくとも正常ケースの1つのパターンについてすべてのエンドポイントが網羅されているのは、「第1章 FastAPIの概要」でも説明したように、API開発と分離したSPAなどのフロントエンド開発者にとっては強力な武器となるでしょう。

開発初期に与える影響

他の多くのWebAPIフレームワークでは、Swagger UIのインテグレーションをサポートしていません。そのため、通常は

1. スキーマをOpenAPIの形式（通常はYAML）で定義する
2. Swagger UIを提供してフロントエンド開発者に引き渡す
3. API開発に取り掛かる

というフローによってスキーマ駆動開発を実現しますが、FastAPIでは、

1. API開発の過程としてルーターとスキーマを定義し、自動生成されたSwagger UIをフロントエンド開発者に引き渡す
2. 上記のルーターとスキーマをそのまま肉付けする形でAPIの機能を実装する

というずっとシンプルなステップでスキーマ駆動開発が実現できるのです。

機能修正時に与える影響

FastAPIによるスキーマ駆動開発は思ったよりも強力です。最初に開発するときだけではなく、**最初に定義したリクエストやレスポンスを変更するフロー**を考えてみましょう。

通常他のフレームワークでは、

1. 最初にOpenAPIで定義したスキーマを変更する
2. 変更後のSwagger UIを提供してフロントエンド開発者に引き渡す
3. APIを修正する

となるところが、FastAPIであれば、

1. 動いているAPIのリクエストやレスポンスを直接変更し、同時に自動生成されたSwagger UIをフロントエンド開発者に引き渡す

となるのです。一度APIを開発してしまうと、OpenAPIのスキーマ定義はメンテナンスされなくなり、例えばSwagger UIを提供するモックサーバーを立ち上げる方法が忘れ去られたり、そもそも壊れてしまったりすることが起こりがちです。しかし、FastAPIはAPIインターフェイスの定義（ドキュメント）と実装が一緒になっているのでその心配がありません。

P04 まとめ

第10章では以下のことを解説しました。

- リクエストの定義
- 残りのすべてのリクエストとレスポンスの定義
- スキーマ駆動開発について

Chapter11

データベースの接続とDBモデル（Models）

本章では、データベースとしてMySQLのDockerコンテナを立ち上げ、ToDoアプリからデータベースに接続します。

P01 MySQLコンテナの立ち上げ

アプリから接続するためのMySQLを、Dockerコンテナとして立ち上げましょう。

「第3章 Docker環境のインストール」で説明したように、docker composeを利用することによってMySQLも簡単にインストールすることができます。データベースサーバーにはさまざまな種類がありますが、本書では本番環境で最もよく利用されるものの1つであるMySQLを利用することにします。

ローカルにMySQLがインストールされている方はそちらを使っても構いませんが、ToDoアプリのコンテナとの接続や、ローカルのMySQLのデータを汚さずに利用可能なので、これから説明する手順に従ってコンテナを立てることをおすすめします。

メモ SQLite

公式ドキュメントやチュートリアルなどではMySQLの代わりにファイルベースで簡単に利用できるSQLiteがデータベースとして紹介されることがよくあります。

しかし、SQLiteは基本的なSQL文には対応しているのですが、データ型の種類が少なかったり、そもそもファイルベースなのでスケールのための分散が難しいなど、将来プロジェクトが大きくなった場合にぶつかる問題が多く考えられるため、リアルなWebアプリケーションのデータベースとして採用されるケースは多くはありません。

本書でもこの後の「第14章 ユニットテスト」ではSQLiteを利用しますが、productionコード（テストコードではないコード）ではより実

践的なアプリの開発を目指し、そのままサービスにスケールできるようにMySQLを利用することとしましょう。

demo-appと並列に、demoという名前のデータベースを持つdbサービスを追加します（リスト11.1）。

▼リスト11.1：docker-compose.yaml

yaml

```
version: '3'
services:
  demo-app:
    build: .
    volumes:
      - .dockervenv:/src/.venv
      - .:/src
    ports:
      - 8000:8000  # ホストマシンのポート8000を、docker内のポート8000に⏎
接続する
    environment:
      - WATCHFILES_FORCE_POLLING=true  # 環境によってホットリロードのた⏎
めに必要
  db:
    image: mysql:8.0
    platform: linux/x86_64  # AppleシリコンのMac（M1/M2など）の場合必要
    environment:
      MYSQL_ALLOW_EMPTY_PASSWORD: 'yes'  # rootアカウントをパスワードな⏎
しで作成
      MYSQL_DATABASE: 'demo'  # 初期データベースとしてdemoを設定
      TZ: 'Asia/Tokyo'  # タイムゾーンを日本時間に設定
    volumes:
      - mysql_data:/var/lib/mysql
    command: --default-authentication-plugin=mysql_native_password ⏎
# MySQL8.0ではデフォルトが"caching_sha2_password"で、ドライバが非対応のた⏎
め変更
    ports:
      - 33306:3306  # ホストマシンのポート33306を、docker内のポート3306⏎
に接続する
volumes:
  mysql_data:
```

もし既にdocker compose upによりFastAPIが立ち上がっている状態であれば、一度停止し、再度docker compose upを実行します。

次のページのように、ToDoアプリとMySQLが同時に立ち上がります。

shell

```
$ docker compose up
```

コマンド結果

```
[+] Running 12/12
 . db Pulled                                                        12.2s
   . 197c1adcd755 Pull complete                                      3.7s
...
   . 6c8bdf3091d9 Pull complete                                      8.1s
[+] Running 2/2
 . Container fastapi-book-example-demo-app-1  Created               0.0s
 . Container fastapi-book-example-db-1        Created               0.2s
Attaching to fastapi-book-example-db-1, fastapi-book-example-demo-app-1
fastapi-book-example-db-1        | 2023-02-12 19:12:33+09:00 [Note] ↵
[Entrypoint]: Entrypoint script for MySQL Server 8.0.32-1.el8 started.
fastapi-book-example-demo-app-1  | INFO:     ↵
Will watch for changes in these directories: ['/src']
fastapi-book-example-demo-app-1  | INFO:     ↵
Uvicorn running on http://0.0.0.0:8000 (Press CTRL+C to quit)
fastapi-book-example-demo-app-1  | INFO:     ↵
Started reloader process [1] using WatchFiles
fastapi-book-example-db-1        | 2023-02-12 19:12:35+09:00 [Note] ↵
[Entrypoint]: Switching to dedicated user 'mysql'
fastapi-book-example-db-1        | 2023-02-12 19:12:35+09:00 [Note] ↵
[Entrypoint]: Entrypoint script for MySQL Server 8.0.32-1.el8 started.
fastapi-book-example-demo-app-1  | INFO:     ↵
Started server process [11]
fastapi-book-example-demo-app-1  | INFO:     ↵
Waiting for application startup.
fastapi-book-example-demo-app-1  | INFO:     ↵
Application startup complete.
fastapi-book-example-db-1        | '/var/lib/mysql/mysql.sock' -> ↵
'/var/run/mysqld/mysqld.sock'
fastapi-book-example-db-1        | 2023-02-12T10:12:40.187391Z 0 ↵
[Warning] [MY-011068] [Server] The syntax '--skip-host-cache' is ↵
deprecated and will be removed in a future release. Please use SET ↵
GLOBAL host_cache_size=0 instead.
```

```
fastapi-book-example-db-1        | 2023-02-12T10:12:40.195540Z 0 ⏎
[Warning] [MY-010918] [Server] 'default_authentication_plugin' is ⏎
deprecated and will be removed in a future release. Please use ⏎
authentication_policy instead.
fastapi-book-example-db-1        | 2023-02-12T10:12:40.195944Z 0 ⏎
[System] [MY-010116] [Server] /usr/sbin/mysqld (mysqld 8.0.32) ⏎
starting as process 1
fastapi-book-example-db-1        | 2023-02-12T10:12:40.324031Z 1 ⏎
[System] [MY-013576] [InnoDB] InnoDB initialization has started.
fastapi-book-example-db-1        | 2023-02-12T10:12:40.362461Z 1 ⏎
[ERROR] [MY-012585] [InnoDB] Linux Native AIO interface is not ⏎
supported on this platform. Please check your OS documentation and ⏎
install appropriate binary of InnoDB.
fastapi-book-example-db-1        | 2023-02-12T10:12:40.362908Z 1 ⏎
[Warning] [MY-012654] [InnoDB] Linux Native AIO disabled.
fastapi-book-example-db-1        | 2023-02-12T10:12:40.876338Z 1 ⏎
[System] [MY-013577] [InnoDB] InnoDB initialization has ended.
fastapi-book-example-db-1        | 2023-02-12T10:12:53.051913Z 4 ⏎
[System] [MY-013381] [Server] Server upgrade from '80027' to '80032' ⏎
started.


fastapi-book-example-db-1        | 2023-02-12T10:13:14.393500Z 4 ⏎
[System] [MY-013381] [Server] Server upgrade from '80027' to '80032' ⏎
completed.
fastapi-book-example-db-1        | 2023-02-12T10:13:14.696543Z 0 ⏎
[Warning] [MY-010068] [Server] CA certificate ca.pem is self signed.
fastapi-book-example-db-1        | 2023-02-12T10:13:14.697201Z 0 ⏎
[System] [MY-013602] [Server] Channel mysql_main configured to ⏎
support TLS. Encrypted connections are now supported for this channel.
fastapi-book-example-db-1        | 2023-02-12T10:13:14.703006Z 0 ⏎
[Warning] [MY-011810] [Server] Insecure configuration for --pid-file: ⏎
Location '/var/run/mysqld' in the path is accessible to all OS users. ⏎
Consider choosing a different directory.
fastapi-book-example-db-1        | 2023-02-12T10:13:14.803093Z 0 ⏎
[System] [MY-011323] [Server] X Plugin ready for connections. ⏎
Bind-address: '::' port: 33060, socket: /var/run/mysqld/mysqlx.sock
fastapi-book-example-db-1        | 2023-02-12T10:13:14.805180Z 0 ⏎
[System] [MY-010931] [Server] /usr/sbin/mysqld: ready for ⏎
connections. Version: '8.0.32'  socket: '/var/run/mysqld/mysqld.⏎
sock'  port: 3306  MySQL Community Server - GPL.
```

コンテナ内のMySQLデータベースにアクセスできることを確認してみましょう。

docker compose upされている状態で、別のターミナルを開き、プロジェクトディレクトリでdocker compose exec db mysql demoを実行します。

以下のように、MySQLクライアントが実行され、DBに接続できているのが確認できます。

shell
```
# "db" コンテナの中で "mysql demo" コマンドを発行
$ docker compose exec db mysql demo
```

コマンド結果
```
Reading table information for completion of table and column names
You can turn off this feature to get a quicker startup with -A

Welcome to the MySQL monitor.  Commands end with ; or \g.
Your MySQL connection id is 11
Server version: 8.0.32 MySQL Community Server - GPL

Copyright (c) 2000, 2023, Oracle and/or its affiliates.

Oracle is a registered trademark of Oracle Corporation and/or its
affiliates. Other names may be trademarks of their respective
owners.

Type 'help;' or '\h' for help. Type '\c' to clear the current ⏎
input statement.

mysql>
```

P02 アプリからDB接続する準備

立ち上げたMySQLに対してFastAPIアプリから接続するための準備をしましょう。

MySQLクライアントのインストール

FastAPIでは、MySQLとの接続のために`sqlalchemy`というORMライブラリ(Object-Relational Mapper)を利用します。`sqlalchemy`はFlaskなど他のWebフレームワークでも利用されるPythonではかなりポピュラーなライブラリです。

メモ　ORMとは

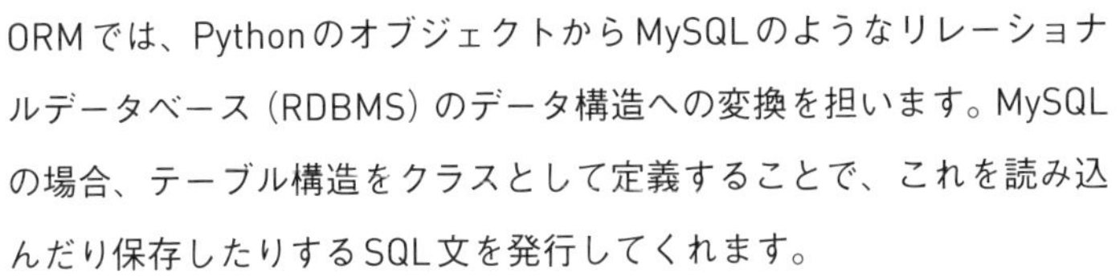

ORMでは、Pythonのオブジェクトから MySQLのようなリレーショナルデータベース（RDBMS）のデータ構造への変換を担います。MySQLの場合、テーブル構造をクラスとして定義することで、これを読み込んだり保存したりするSQL文を発行してくれます。

本書では扱いませんが、FastAPIではその他に、Peeweeという ORMにも対応しています。詳しくは公式ドキュメント（URL https://fastapi.tiangolo.com/ja/advanced/sql-databases-peewee/）を参照してください。

`sqlalchemy`はそのバックエンドに様々なデータベースを利用でき、MySQLを利用する場合のクライアントとして、今回は`pymysql`も同時にインストールします。

「第5章 FastAPIのインストール」と同様、`demo-app`が立ち上がった状態で`poetry add`を実行し、これら2つの依存パッケージをインストールします。

shell
```
# "demo-app" コンテナの中で "poetry add sqlalchemy pymysql" を実行
$ docker compose exec demo-app poetry add sqlalchemy pymysql
```

インストールにより、pyproject.tomlやpoetry.lockも中身が変更されているのが確認できます(リスト11.2)。

▼リスト11.2:pyproject.toml

```toml
[tool.poetry.dependencies]
python = "^3.11"
fastapi = "^0.91.0"
uvicorn = {extras = ["standard"], version = "^0.20.0"}
sqlalchemy = "^2.0.3"
pymysql = "^1.0.2"
```

DB接続関数

プロジェクトルートに、リスト11.3のようにapi/db.pyを追加します。

▼リスト11.3:api/db.py

```python
from sqlalchemy import create_engine
from sqlalchemy.orm import sessionmaker, declarative_base

DB_URL = "mysql+pymysql://root@db:3306/demo?charset=utf8"

db_engine = create_engine(DB_URL, echo=True)
db_session = sessionmaker(autocommit=False, autoflush=False, ⏎
bind=db_engine)


Base = declarative_base()


def get_db():
    with db_session() as session:
        yield session
```

DB_URLに定義したMySQLのDockerコンテナに対して接続するセッションを作成しています。

ルーターでは、get_db()関数を通してこのセッションを取得し、DBへのアクセスを可能にします。

03 SQLAlchemyのDB モデル(Models)の定義

FastAPIにDBモデルを定義していきます。

ToDoアプリのために、表11.1、表11.2の2つのテーブルを定義しましょう。

▼表11.1：tasksテーブルの定義

カラム名	Type	備考
id	INT	primary, auto increment
title	VARCHAR(1024)	

▼表11.2：donesテーブルの定義

カラム名	Type	備考
id	INT	primary, auto increment, foreign key(task.id)

tasksのレコードはタスク一つ一つに対応し、donesは、tasksのうち完了したものだけ該当のtaskと同じidのレコードを持ちます。

ここで、tasksのidとdonesのidは1：1のマッピングとしています。

通常1：1のマッピングの場合正規化の観点から1つのテーブルとすることが多いと思いますが、本書ではtaskとdoneのリソースを明確に分離し、わかりやすくするため、別々のテーブルとして定義します。

リスト11.4のように、api/models/task.pyを作成しましょう。

▼リスト11.4：api/models/task.py

```python
from sqlalchemy import Column, Integer, String, ForeignKey
from sqlalchemy.orm import relationship

from api.db import Base


class Task(Base):
    __tablename__ = "tasks"

    id = Column(Integer, primary_key=True)
    title = Column(String(1024))

    done = relationship("Done", back_populates="task", cascade="delete")


class Done(Base):
    __tablename__ = "dones"

    id = Column(Integer, ForeignKey("tasks.id"), primary_key=True)

    task = relationship("Task", back_populates="done")
```

Columnがテーブルの一つ一つのカラムを表します。第1引数にはカラムの型を渡します。そして、第2引数以降にカラムの設定を書いていきます。上記のprimary_key=TrueやForeignKey("tasks.id")の他にも例えば、Null制約（nullable=False）、Unique制約（unique=True）などに対応しています。

relationshipはテーブル（モデルクラス）同士の関係性を定義します。これにより、TaskオブジェクトからDoneオブジェクトを参照したり、その逆も可能になります。

cascade="delete"を指定することにより、第12章で実装するDELETE /tasks/{task_id}インターフェイスにてTaskを削除する際、外部キーに指定されている同じidのdoneがあれば、自動的に削除されます。

DBマイグレーション

作成したORMモデルをもとに、DBにテーブルを作成していきましょう。DBマイグレーション用のスクリプトを作成します（リスト11.5）。

▼リスト11.5：api/migrate_db.py

Python

```
from sqlalchemy import create_engine

from api.models.task import Base

DB_URL = "mysql+pymysql://root@db:3306/demo?charset=utf8"
engine = create_engine(DB_URL, echo=True)


def reset_database():
    Base.metadata.drop_all(bind=engine)
    Base.metadata.create_all(bind=engine)


if __name__ == "__main__":
    reset_database()
```

以下のようにスクリプトを実行することで、DockerコンテナのMySQLにテーブルを作成します。既に同名のテーブルがある場合は、削除してから作成されます。

shell

```
# api モジュールの migrate_db スクリプトを実行する
$ docker compose exec demo-app poetry run python -m api.migrate_db
```

コマンド結果

```
2023-02-12 10:26:07,038 INFO sqlalchemy.engine.Engine SELECT DATABASE()
2023-02-12 10:26:07,038 INFO sqlalchemy.engine.Engine [raw sql] {}
2023-02-12 10:26:07,040 INFO sqlalchemy.engine.Engine SELECT @@sql_mode
2023-02-12 10:26:07,040 INFO sqlalchemy.engine.Engine [raw sql] {}
2023-02-12 10:26:07,040 INFO sqlalchemy.engine.Engine SELECT ↵
@@lower_case_table_names
2023-02-12 10:26:07,040 INFO sqlalchemy.engine.Engine [raw sql] {}
2023-02-12 10:26:07,041 INFO sqlalchemy.engine.Engine BEGIN (implicit)
2023-02-12 10:26:07,042 INFO sqlalchemy.engine.Engine DESCRIBE ↵
`demo`.`tasks`
2023-02-12 10:26:07,042 INFO sqlalchemy.engine.Engine [raw sql] {}
2023-02-12 10:26:07,046 INFO sqlalchemy.engine.Engine DESCRIBE ↵
`demo`.`dones`
2023-02-12 10:26:07,046 INFO sqlalchemy.engine.Engine [raw sql] {}
2023-02-12 10:26:07,047 INFO sqlalchemy.engine.Engine COMMIT
2023-02-12 10:26:07,048 INFO sqlalchemy.engine.Engine BEGIN (implicit)
2023-02-12 10:26:07,048 INFO sqlalchemy.engine.Engine DESCRIBE ↵
`demo`.`tasks`
2023-02-12 10:26:07,048 INFO sqlalchemy.engine.Engine [raw sql] {}
2023-02-12 10:26:07,049 INFO sqlalchemy.engine.Engine DESCRIBE ↵
`demo`.`dones`
2023-02-12 10:26:07,049 INFO sqlalchemy.engine.Engine [raw sql] {}
2023-02-12 10:26:07,050 INFO sqlalchemy.engine.Engine
CREATE TABLE tasks (
  id INTEGER NOT NULL AUTO_INCREMENT,
  title VARCHAR(1024),
  due_date DATE,
  PRIMARY KEY (id)
)


2023-02-12 10:26:07,050 INFO sqlalchemy.engine.Engine ↵
[no key 0.00009s] {}
2023-02-12 10:26:07,082 INFO sqlalchemy.engine.Engine
CREATE TABLE dones (
  id INTEGER NOT NULL,
  PRIMARY KEY (id),
  FOREIGN KEY(id) REFERENCES tasks (id)
)


2023-02-12 10:26:07,083 INFO sqlalchemy.engine.Engine ↵
[no key 0.00012s] {}
2023-02-12 10:26:07,118 INFO sqlalchemy.engine.Engine COMMIT
```

これでDBにテーブルが作成されました。

確認

本当にテーブルが作成されているか確認してみましょう。docker compose upでコンテナが起動している状態で、MySQLクライアントを起動します。

shell

```
$ docker compose exec db mysql demo
```

以下のようにSQL文を打ち、DBの中身を確認します。

mysql

```
mysql> SHOW TABLES;
+----------------+
| Tables_in_demo |
+----------------+
| dones          |
| tasks          |
+----------------+
2 rows in set (0.01 sec)

mysql> DESCRIBE tasks;
+-------+---------------+------+-----+---------+----------------+
| Field | Type          | Null | Key | Default | Extra          |
+-------+---------------+------+-----+---------+----------------+
| id    | int           | NO   | PRI | NULL    | auto_increment |
| title | varchar(1024) | YES  |     | NULL    |                |
+-------+---------------+------+-----+---------+----------------+
2 rows in set (0.05 sec)

mysql> DESCRIBE dones;
+-------+------+------+-----+---------+-------+
| Field | Type | Null | Key | Default | Extra |
+-------+------+------+-----+---------+-------+
| id    | int  | NO   | PRI | NULL    |       |
+-------+------+------+-----+---------+-------+
1 row in set (0.00 sec)
```

それでは次章で、いよいよDBの書き込みや読み込みの処理を書き、APIと繋げてみましょう。

P04 まとめ

第11章では以下のことを解説しました。

- MySQLコンテナの立ち上げ
- アプリからDB接続する準備
- SQLAlchemyのDBモデル（Models）の定義

Part2
FastAPIアプリケーションの実装

Chapter12
DB操作（CRUDs）

前章では、DB接続の準備と、ToDoアプリのためのDBモデルの準備を行いました。本章では、いよいよDBに接続するRead/Writeの処理を実装し、これをAPIに繋げて動作を確認してみましょう。

P01 C：Create

Taskリソースを構成するCRUDのうち、1つ目のC（Create）について解説します。

最初はデータが存在しないので、POST /tasksから書いていくことにしましょう。

CRUDs

ルーターはMVC（Model View Controller）で言うところのコントローラに該当します。RailsなどのMVCフレームワークに慣れている人だとありがちだと思いますが、コントローラはモデルやビューとの接続を行うので肥大化しがちです（Fat Controller）。これを避けるため、DBに対するCRUD操作を行う処理はapi/cruds/task.pyに書いていくこととします（リスト12.1）。

▼リスト12.1：api/cruds/task.py

```python
from sqlalchemy.orm import Session

import api.models.task as task_model
import api.schemas.task as task_schema


def create_task(db: Session, task_create: ⏎
task_schema.TaskCreate) -> task_model.Task:  # ❶
    task = task_model.Task(**task_create.dict())  # ❷
    db.add(task)
    db.commit()  # ❸
    db.refresh(task)  # ❹
    return task  # ❺
```

やっていることの大まかな流れを箇条書きで書き下してみます。

❶引数としてスキーマ task_create: task_schema.TaskCreate を受け取る
❷これをDBモデルである task_model.Task に変換する
❸DBにコミットする
❹DB上のデータをもとにTaskインスタンスである task を更新する（この場合、作成したレコードの id を取得する）
❺作成したDBモデルを返却する

これが大まかな流れです。

ルーター

上記のCRUD定義を利用するルーターは、リスト12.2、リスト12.3のように書き直すことができます。

▼リスト12.2：api/routers/task.py

```python
-from fastapi import APIRouter
+from fastapi import APIRouter, Depends
+from sqlalchemy.orm import Session

+import api.cruds.task as task_crud
+from api.db import get_db
```

▼リスト12.3：api/routers/task.py

```python
 @router.post("/tasks", response_model=task_schema.TaskCreateResponse)
-async def create_task(task_body: task_schema.TaskCreate):
+async def create_task(task_body: task_schema.TaskCreate, ⏎
db: Session = Depends(get_db)):
-    return task_schema.TaskCreateResponse(id=1, **task_body.dict())
+    return task_crud.create_task(db, task_body)
```

DBモデルとレスポンススキーマの変換

リクエストボディのtask_schema.TaskCreateと、レスポンスモデルのtask_schema.TaskCreateResponseについては、「第9章 スキーマ（Schemas）- レスポンス」で説明したとおり、リクエストに対してidだけを付与して返却する必要があります（リスト12.4）。

▼リスト12.4：api/schemas/task.py

```python
class TaskBase(BaseModel):
    title: str | None = Field(None, example="クリーニングを取りに行く")


class TaskCreate(TaskBase):
    pass


class TaskCreateResponse(TaskCreate):
    id: int

    class Config:
        orm_mode = True
```

ここで、orm_mode = Trueは、このレスポンススキーマTaskCreateResponseが、暗黙的にORMからDBモデルのオブジェクトを受け取り、レスポンススキーマに変換することを意味します。

その証拠に、リスト12.3ではtask_crud.create_task(db, task_body)はDBモデルのtask_model.Taskを返却していますが、動作確認の結果が変わらないことからAPIは正しくTaskCreateResponseに変換しているのがわかります。これは、内部的にTaskCreateResponseをtask_model.Taskの各フィールドを使って初期化することによって実現しています。

DI

ここで、リスト12.3に登場する見慣れないdb: Session = Depends(get_db)にも注目してみましょう。

Dependsは引数に関数を取り、**DI（Dependency Injection、依存性注入）**を行う機構です。また、get_dbは第11章で定義した、DBセッションを取得する関数です。

DB接続部分にDIを利用することにより、ビジネスロジックとDBが密結合になることを防ぎます。また、DIによってこのdbインスタンスの中身を外部からオーバーライドすることが可能になるため、例えばテストのときにget_dbと異なるテスト用の接続先に置換するといったことが、productionコードに触れることなく可能になります。

このテストを容易にする仕組みについては、「第14章 ユニットテスト」で単体テストを作成する際に改めて説明します。

動作確認

ここで、Swagger UIからPOST /tasksエンドポイントにアクセスしてみましょう。「Execute」をクリックするたびに、idがインクリメントされて結果が返却されることがわかります（図12.1）。

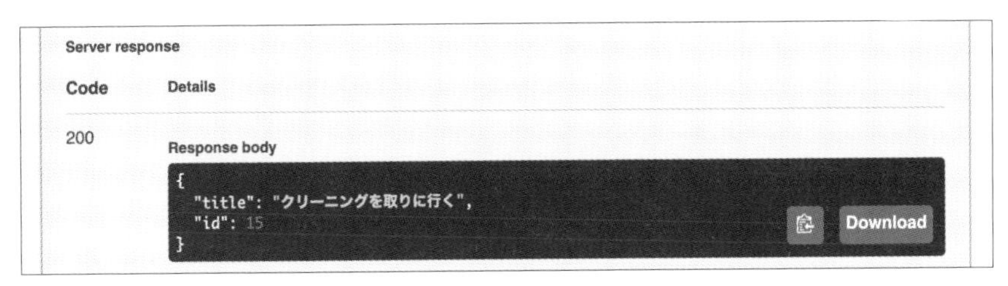

▲図12.1：POST /tasksの動作確認

02 R：Read

Taskリソースを構成するCRUDのうち、2つ目のR（Read）について解説します。

前節のC（Create）により、Taskの作成が可能になったので、次にTaskをリストで受け取るReadエンドポイントを作成しましょう。

ToDoアプリではTaskに対してDoneモデルが定義されていますが、これらを別々にReadで取得するのは面倒です。これらをjoinして、ToDoタスクにDoneフラグが付加された状態のリストを取得できるエンドポイントとしましょう。

CRUDs

joinを行うため、CRUD定義は少し複雑になります（リスト12.5）。

▼リスト12.5：api/cruds/task.py

```python
from sqlalchemy import select
from sqlalchemy.engine import Result


def get_tasks_with_done(db: Session) -> list[tuple[int, str, bool]]:
    result: Result = db.execute(  # ❶
        select(  # ❸
            task_model.Task.id,
            task_model.Task.title,
            task_model.Done.id.isnot(None).label("done"),  # ❹
        ).outerjoin(task_model.Done)
    )

    return result.all()  # ❷
```

実は、このResultインスタンスはこの時点ではまだすべてのDBリクエストの結果を持ちません（リスト12.5❶）。DBレコードを処理する際にforループなどで効率的に結果を取得するためにイテレータとして定義されています。今回はループで処理するような重い処理はありませんのでresult.all()コールによって、初めてすべてのDBレコードを取得します（リスト12.5❷）。

select()で必要なフィールドを指定し、.outerjoin()によってメインのDBモデルに対してjoinしたいモデルを指定しています（リスト12.5❸）。

また、第11章3節にてdonesテーブルはtasksテーブルと同じIDを持ち、ToDoタスクが完了しているときだけレコードが存在していると説明しました。

task_model.Done.id.isnot(None).label("done")によって、Done.idが存在するときはdone=Trueとし、存在しないときはdone=Falseとしてjoinしたレコードを返却します（リスト12.5❹）。

コラム

SQLAlchemy 2.0

文法がこれまでの1.xから大きく変わるメジャーアップデートとして、2023年1月にSQLAlchemyのバージョン2.0がリリースされました。SQLAlchemyのドキュメントによると、このバージョン移行はPython2からPython3へのアップデートに学んだことが多く、バージョン1.4のころから入念に準備されたバージョン移行プロセスが準備されています。

多数のインターフェイスが変更されていますが、一番大きな変更として、session.query()ではなくsession.execute()の中に、select()を用いてクエリをより明示的に記述するのが最新の書き方とされています。

```
# 1.xでの書き方
session.query(User).all()

# 2.0での書き方
session.execute(select(User)).scalars().all()
```

なお、2.0のリリース時点ではsession.query()という書き方自体ができなくなるわけではなく、レガシーな書き方として以後も残されることになっています。

参考：Migrating to SQLAlchemy 2.0
URL https://docs.sqlalchemy.org/en/14/changelog/migration_20.html

ルーター

上記のCRUD定義を利用するルーターは、本章1節のCreateのものとほぼ同等です（リスト12.6）。

▼リスト12.6：api/routers/task.py

```python
@router.get("/tasks", response_model=list[task_schema.Task])
async def list_tasks(db: Session = Depends(get_db)):
    return task_crud.get_tasks_with_done(db)
```


動作確認

Createを実行した回数だけToDoタスクが作成されており、すべてがリストで返却されます。

また、純粋なtasksテーブルの内容だけではなく、各ToDoタスクについて完了フラグdoneが付加されているのがわかります。まだdoneリソースに関するエンドポイントを定義していませんので、現時点ではこれらはすべてfalseです（図12.2）。

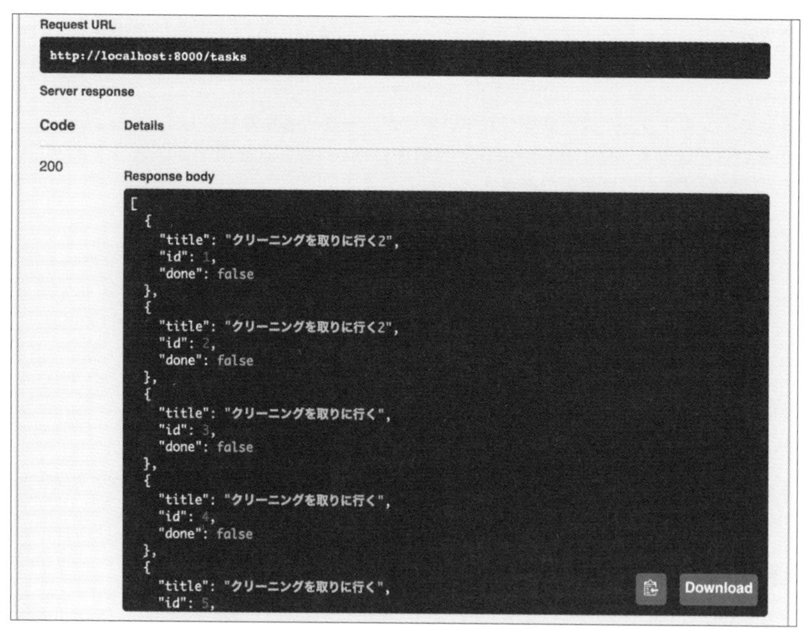

▲図12.2：GET /tasksの動作確認

03 U：Update

Taskリソースを構成するCRUDのうち、3つ目のU（Update）について解説します。

UpdateもCreateとほぼ同等ですが、最初に存在しているTaskに対するリクエストかどうかをチェックし、存在した場合は更新、存在しない場合は404エラーを返却するAPIにします。

CRUDs

リスト12.7の2つの関数を定義します。

▼リスト12.7：api/cruds/task.py

```python
def get_task(db: Session, task_id: int) -> task_model.Task | None:
    result: Result = db.execute(
        select(task_model.Task).filter(task_model.Task.id == task_id)
    )
    return result.scalars().first()


def update_task(
    db: Session, task_create: task_schema.TaskCreate, original: ⏎
task_model.Task
) -> task_model.Task:
    original.title = task_create.title
    db.add(original)
    db.commit()
    db.refresh(original)
    return original
```

get_task()関数では、.filter()メソッドを使ってSELECT〜WHEREのSQLクエリによって対象を絞り込んでいます。

また、Resultはselect()で指定する要素が1つであってもtupleで返却されますので、tupleではなく値として取り出す処理が別途必要になります。scalars()メソッドを利用することで、結果の各行から取得する要素を1つに絞り、値として取り出すことができます。

update_task()関数はcreate_task()関数とほとんど見た目が同じです。originalとしてDBモデルを受け取り、これの中身を更新して返却しているのが唯一の差分です。

ルーター

上記のCRUD定義を利用するルーターはリスト12.8のとおりです。

▼リスト12.8：api/routers/task.py

```python
from fastapi import APIRouter, Depends, HTTPException


@router.put("/tasks/{task_id}", ⏎
response_model=task_schema.TaskCreateResponse)
async def update_task(
    task_id: int, task_body: task_schema.TaskCreate, ⏎
db: Session = Depends(get_db)
):
    task = task_crud.get_task(db, task_id=task_id)
    if task is None:
        raise HTTPException(status_code=404, detail="Task not found")

    return task_crud.update_task(db, task_body, original=task)
```

ここで、HTTPExceptionは任意のHTTPステータスコードを引数に取ることができるExceptionクラスです。今回は404 Not Foundを指定してraiseします。

動作確認

task_id=1のタイトルを変更してみましょう（図12.3）。

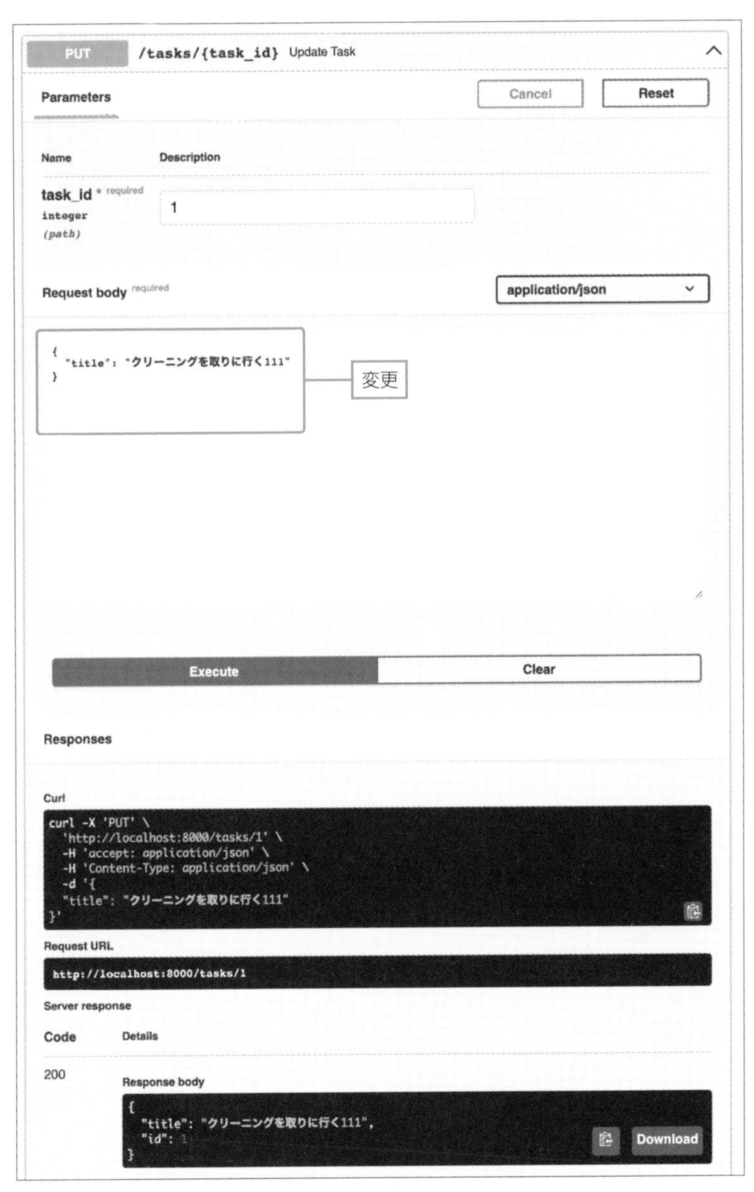

▲図12.3：PUT /tasks/{task_id}の動作確認

本章1節で定義したReadインターフェイスから、変更後の結果が取得できているのが確認できます（図12.4）。

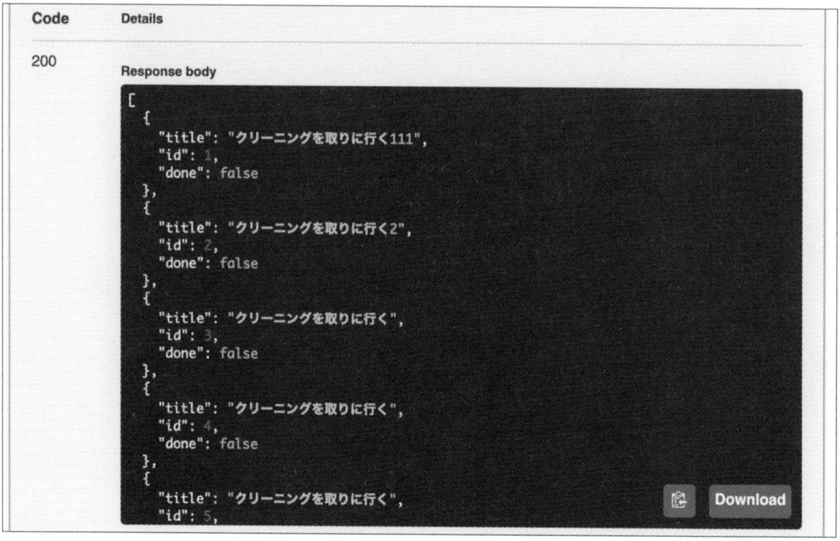

Code　Details

200

Response body

```
[
  {
    "title": "クリーニングを取りに行く111",
    "id": 1,
    "done": false
  },
  {
    "title": "クリーニングを取りに行く2",
    "id": 2,
    "done": false
  },
  {
    "title": "クリーニングを取りに行く",
    "id": 3,
    "done": false
  },
  {
    "title": "クリーニングを取りに行く",
    "id": 4,
    "done": false
  },
  {
    "title": "クリーニングを取りに行く",
    "id": 5,
```

Download

▲図12.4：GET /tasksでタスクの更新を確認

P04 D:Delete

Taskリソースを構成するCRUDのうち、4つ目のD（Delete）について解説します。

CRUDs

Deleteのインターフェイスも Updateとほぼ同等です。まず、前節のリスト12.7のget_task()関数を実行してから、delete_task()関数を実行します（リスト12.9）。

▼リスト12.9：api/cruds/task.py

```python
def delete_task(db: Session, original: task_model.Task) -> None:
    db.delete(original)
    db.commit()
```

ルーター

上記のCRUD定義を利用するルーターはリスト12.10のとおりです。

▼リスト12.10：api/routers/task.py

```python
@router.delete("/tasks/{task_id}", response_model=None)
async def delete_task(task_id: int, db: Session = Depends(get_db)):
    task = task_crud.get_task(db, task_id=task_id)
    if task is None:
        raise HTTPException(status_code=404, detail="Task not found")

    return task_crud.delete_task(db, original=task)
```

動作確認

task_id=2を削除してみましょう（図12.5）。

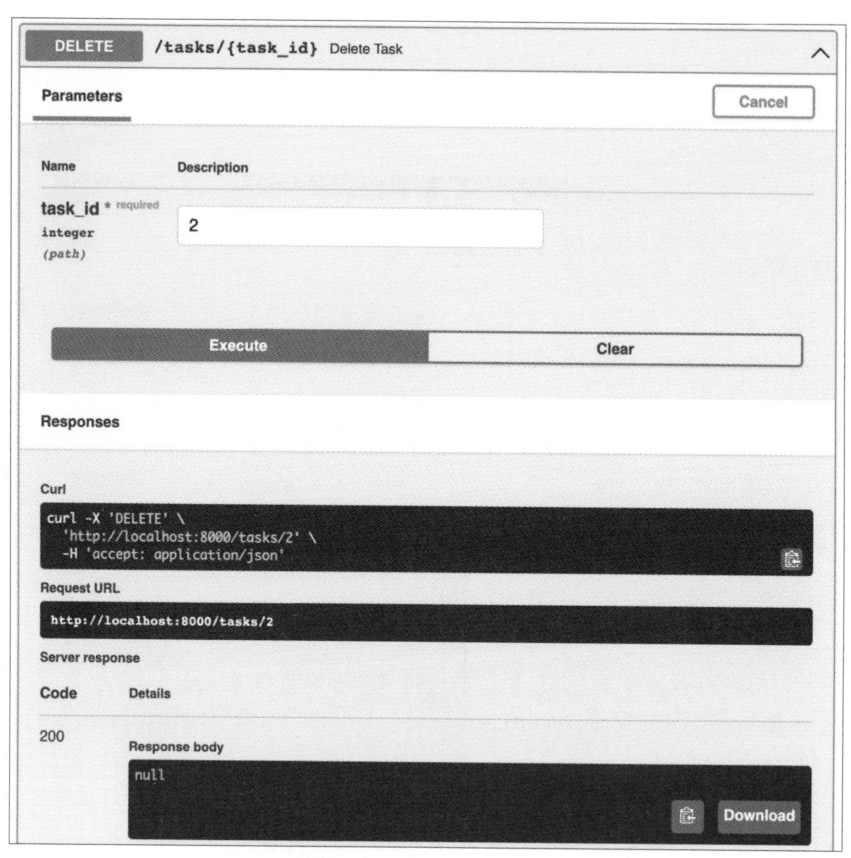

▲図12.5：DELETE /tasks/{task_id}の動作確認

もう一度実行すると、既に削除が完了しているので404エラーが返ります（図12.6）。

Server response

Code Details

404 Undocumented Error: Not Found

Response body

```
{
  "detail": "Task not found"
}
```

Download

▲図12.6：削除済みの際のレスポンス内容

Readインターフェイスからも削除が完了していることが確認できます（図12.7）。

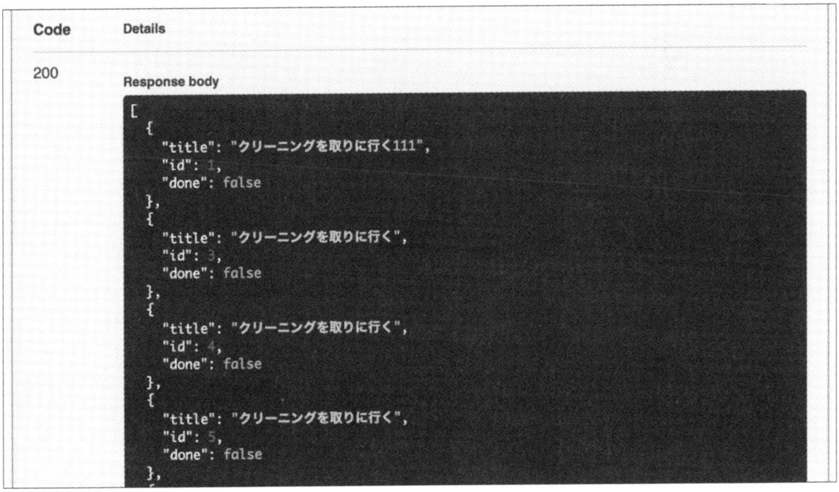

Code Details

200

Response body

```
[
  {
    "title": "クリーニングを取りに行く111",
    "id": 1,
    "done": false
  },
  {
    "title": "クリーニングを取りに行く",
    "id": 3,
    "done": false
  },
  {
    "title": "クリーニングを取りに行く",
    "id": 4,
    "done": false
  },
  {
    "title": "クリーニングを取りに行く",
    "id": 5,
    "done": false
  },
```

▲図12.7：GET /tasksで削除を確認

P05 Doneリソース

Taskリソースに紐づくDoneリソースについて解説します。

Taskリソースと同様、Doneリソースも定義していきましょう。
CRUD（リスト12.11）とルーター（リスト12.12）を同時に見ていきます。

▼リスト12.11：api/cruds/done.py

```Python
from sqlalchemy import select
from sqlalchemy.engine import Result
from sqlalchemy.orm import Session

import api.models.task as task_model


def get_done(db: Session, task_id: int) -> task_model.Done | None:
    result: Result = db.execute(
        select(task_model.Done).filter(task_model.Done.id == task_id)
    )
    return result.scalars().first()


def create_done(db: Session, task_id: int) -> task_model.Done:
    done = task_model.Done(id=task_id)
    db.add(done)
    db.commit()
    db.refresh(done)
    return done


def delete_done(db: Session, original: task_model.Done) -> None:
    db.delete(original)
    db.commit()
```

▼リスト12.12：api/routers/done.py

Python

```
from fastapi import APIRouter, HTTPException, Depends
from sqlalchemy.orm import Session

import api.schemas.done as done_schema
import api.cruds.done as done_crud
from api.db import get_db

router = APIRouter()


@router.put("/tasks/{task_id}/done", response_model=⏎
done_schema.DoneResponse)
async def mark_task_as_done(task_id: int, db: Session = ⏎
Depends(get_db)):
    done = done_crud.get_done(db, task_id=task_id)
    if done is not None:
        raise HTTPException(status_code=400, ⏎
detail="Done already exists")

    return done_crud.create_done(db, task_id)


@router.delete("/tasks/{task_id}/done", response_model=None)
async def unmark_task_as_done(task_id: int, db: Session = ⏎
Depends(get_db)):
    done = done_crud.get_done(db, task_id=task_id)
    if done is None:
        raise HTTPException(status_code=404, detail="Done not found")

    return done_crud.delete_done(db, original=done)
```

レスポンススキーマが必要なので、api/schemas/done.pyも同時に作成します（リスト12.13）。

▼リスト12.13：api/schemas/done.py

```python
from pydantic import BaseModel


class DoneResponse(BaseModel):
    id: int

    class Config:
        orm_mode = True
```

条件に応じて、以下のような挙動になることに注意してください。

- 完了フラグが立っていないとき
  - PUT：完了フラグが立つ
  - DELETE：フラグがないので404エラーを返す
- 完了フラグが立っているとき
  - PUT：既にフラグが立っているので400エラーを返す
  - DELETE：完了フラグを消す

動作確認

Doneリソースの Update インターフェイスに、存在するタスクの task_id を入力して実行することで、Task リソースの Read インターフェイスから、done フラグが操作できていることが確認できます（図12.8）。

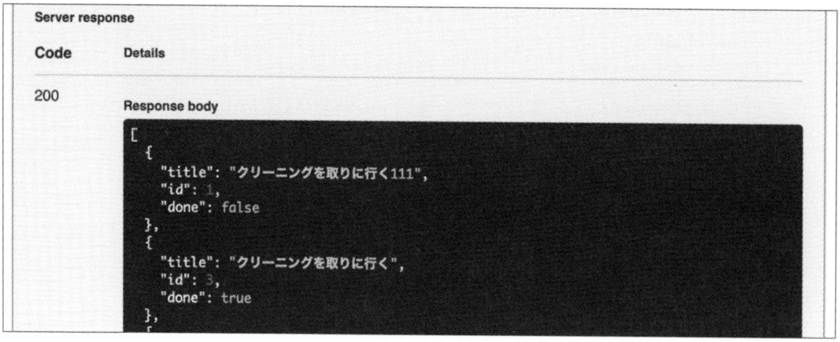

```
Server response
Code    Details
200     Response body
[
  {
    "title": "クリーニングを取りに行く111",
    "id": 1,
    "done": false
  },
  {
    "title": "クリーニングを取りに行く",
    "id": 3,
    "done": true
  },
```

▲図12.8：GET /tasksでdoneフラグの動作確認

P06 最終的なディレクトリ構成

最終的なディレクトリ構成について解説します。

おめでとうございます！　これでToDoアプリが動くのに必要なファイルはすべて定義できました。

最終的には以下のようなファイル構成になっているはずです（図12.9）。

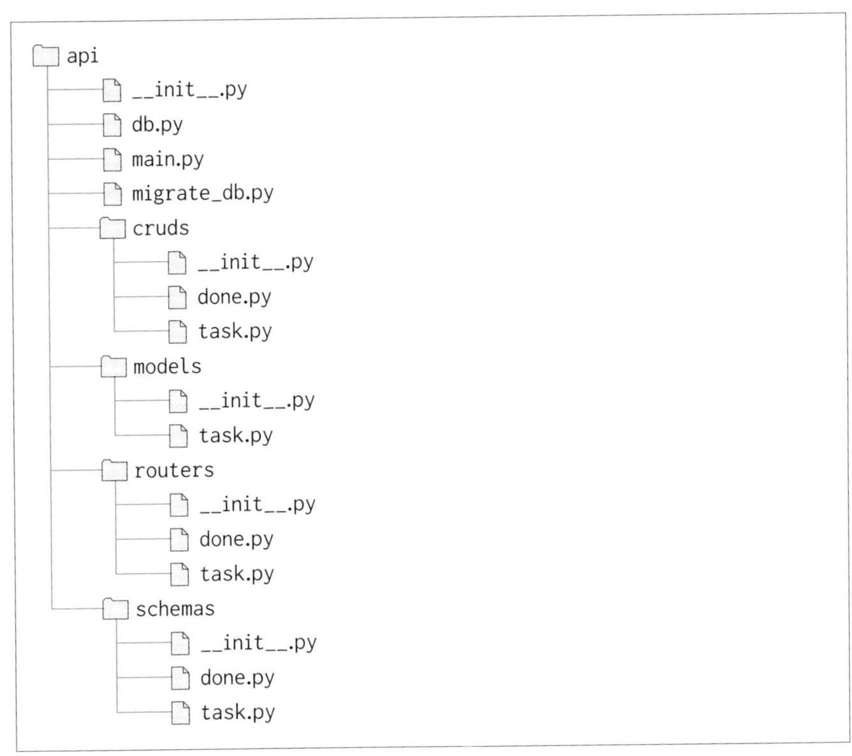

▲図12.9：最終的なapiディレクトリの構成

ここまでで、すべての挙動がSwagger UIから確認できます。

このままでも問題なく動作しますが、次章ではFastAPIをより「高速」にするために、ここまで書いてきた処理を非同期化していきます。また、Swagger UIで確認せずとも変更時のバグ発見を早期にできるように、第14章では、ユニットテストを書いていきます。

P 07 まとめ

第12章では以下のことを解説しました。

- C：Create
- R：Read
- U：Update
- D：Delete
- Doneリソース
- 最終的なディレクトリ構成

1
2
3

Part2
FastAPIアプリケーションの実装

Chapter13
非同期化

第12章で書いたCRUDs関係のコードを非同期処理に対応できるようにしていきましょう。

P01 非同期化する意義

非同期化する意義について説明します。

第11章のModelsと第12章のCRUDsのコードは、sqlalchemyのバックエンドとなるMySQLを利用する場合のクライアントとしてpymysqlを利用していました。しかし、pymysqlはPythonの非同期処理フレームワークであるasyncioに対応しておらず、並行処理を行うのが容易ではありませんでした。ここまでに書いてきたコードでも十分速く動きますが、IOバウンドな重たいデータベース処理が増えてきた場合には並行処理を行うことが有効です。本章では、将来にわたってFastAPIの「高速性」を享受するために、データベースアクセス部分の非同期化を行っていきます。

高速化の効果は環境に大きく依存しますが、参考程度に本章での変更を施し、第16章で紹介するAWSにデプロイしたアプリケーションに対して簡易的な負荷試験を行った結果、ASGIサーバーやOSなどに対して特にチューニングを施していない状態でも約38%スループット性能の向上が見られました。

メモ SQLAlchemyと非同期処理

従来のSQLAlchemyのORMでは、非同期処理に対応しておらず、FastAPIのasync/awaitによるイベントループを活用した高速なDB処理を行うことができませんでした。ORMは遅延読み込みを多用するため非同期処理に対応するのが難しく、元来SQLAlchemyの低レイヤ実装であるSQLAlchemy Coreによる、SQLAlchemy ORMよりもprimitiveな書き方（クエリはSQL文を直接書き下すのに近い記法）でしか非同期処理に対応していませんでした。

SQLAlchemyのバージョン1.4から対応しているバージョン2.0式の新しい書き方（2.0 Style）により、ORMとしてクラスを定義した場合でも非同期処理がサポートされています。本書ではこちらの書き方に基づき、高速なDBアクセスを可能にします。

02 aiomysqlのインストール

asyncioに対応した、aiomysqlをインストールしましょう。

本章では非同期処理に対応させるため、aiomysqlをインストールし利用します。なお、aiomysqlはpymysqlをベースにしたMySQL向けに非同期IO処理を提供するライブラリで、pymysqlに依存しています。

第11章2節で説明した「MySQLクライアントのインストール」と同様、demo-appが立ち上がった状態でpoetry addを実行し、aiomysqlをインストールします。

shell

```
# "demo-app" コンテナの中で "poetry add aiomysql" を実行
$ docker compose exec demo-app poetry add aiomysql
```

以下のようになればインストールが完了です。

コマンド結果

```
Using version ^0.1.1 for aiomysql

Updating dependencies
Resolving dependencies... (0.4s)

Writing lock file

Package operations: 1 install, 0 updates, 0 removals

  • Installing aiomysql (0.1.1)
```

P03 非同期対応した DB接続関数

次に、DB接続関数を非同期化します。

第11章で準備したapi/db.pyのDB接続関数get_db()を非同期対応した関数に書き換えましょう（リスト13.1）。

▼リスト13.1：api/db.py

```python
-from sqlalchemy import create_engine
+from sqlalchemy.ext.asyncio import create_async_engine, AsyncSession
 from sqlalchemy.orm import sessionmaker, declarative_base

-DB_URL = "mysql+pymysql://root@db:3306/demo?charset=utf8"        ❶
+ASYNC_DB_URL = "mysql+aiomysql://root@db:3306/demo?charset=utf8"

-db_engine = create_engine(DB_URL, echo=True)
-db_session = sessionmaker(autocommit=False, autoflush=False, ⏎
bind=db_engine)

+async_engine = create_async_engine(ASYNC_DB_URL, echo=True)     ❷
+async_session = sessionmaker(
+    autocommit=False, autoflush=False, bind=async_engine, ⏎
class_=AsyncSession
+)

 Base = declarative_base()


-def get_db():
-    with db_session() as session:
+async def get_db():                                              ❸
+    async with async_session() as session:
         yield session
```

データベース接続に利用するライブラリがpymysqlからaiomysqlに変わっています（リスト13.1❶）。非同期対応したAsyncEngineを生成するcreate_async_engineと、非同期セッションクラスであるAsyncSessionを利用したsessionmakerへの書き換えを行います（リスト13.1❷）。最後に、get_db関数自体をasync対応させます（リスト13.1❸）。

なお、migrate_db.pyでも同様にcreate_engineを呼び出しています。しかし、migrationの作業は頻繁に行ったり速度を求める性質のものではないため、非同期化する必要はないでしょう。

P04 非同期対応したCRUDs

次に、CRUDsを非同期化します。

前章で準備したCRUDsを書き換えていきます。api/cruds（リスト13.2）、api/routers（リスト13.3）両方の書き換えが必要となります。

C: Create

▼リスト13.2：api/cruds/task.py

```python
 from sqlalchemy import select
 from sqlalchemy.engine import Result
 from sqlalchemy.orm import Session
+from sqlalchemy.ext.asyncio import AsyncSession

...

-def create_task(db: Session, task_create: task_schema.TaskCreate) -> 
task_model.Task:
+async def create_task(
+    db: AsyncSession, task_create: task_schema.TaskCreate
+) -> task_model.Task:
     task = task_model.Task(**task_create.dict())
     db.add(task)
-    db.commit()
-    db.refresh(task)
+    await db.commit()
+    await db.refresh(task)
     return task
```

変更点としては、関数定義がasync defとなっていること、それからdb.commit()とdb.refresh(task)にawaitが付いていることです。async defは関数が非同期処理を行うことができる、**「コルーチン関数」**（以下、コルーチン）であるということを表します。

awaitでは、非同期処理、ここではDBへの接続（IO処理）が発生するため、「待ち時間が発生するような処理をしますよ」ということを示しています。これによって、Pythonはこのコルーチンの処理からいったん離れ、イベントループ内で別のコルーチンの処理を行うことができるようになります。これが非同期・並行処理の肝になります。

メモ コルーチンとは

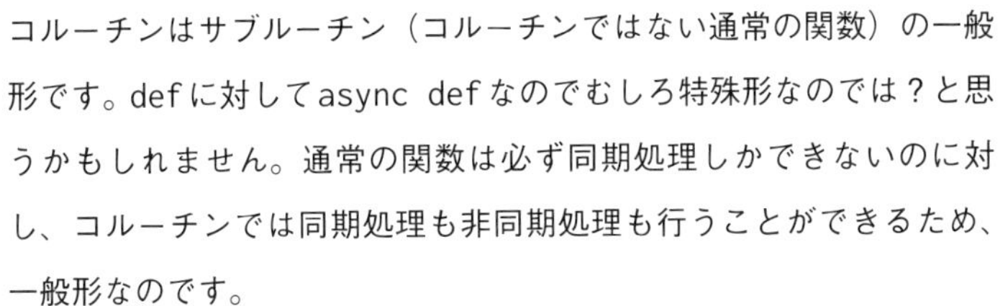

コルーチンはサブルーチン（コルーチンではない通常の関数）の一般形です。defに対してasync defなのでむしろ特殊形なのでは？と思うかもしれません。通常の関数は必ず同期処理しかできないのに対し、コルーチンでは同期処理も非同期処理も行うことができるため、一般形なのです。

上記のCRUD定義create_taskを利用するルーターは、リスト13.3のように書き直すことができます。

▼リスト13.3：api/routers/task.py

Python

```
 from fastapi import APIRouter, Depends, HTTPException
 from sqlalchemy.orm import Session
+from sqlalchemy.ext.asyncio import AsyncSession

...

-async def create_task(task_body: task_schema.TaskCreate, ⏎
db: Session = Depends(get_db)):
-    return task_crud.create_task(db, task_body)
+async def create_task(
+    task_body: task_schema.TaskCreate, db: AsyncSession = ⏎
Depends(get_db)
+):
+    return await task_crud.create_task(db, task_body)
```

ルーターのパスオペレーション関数は元からコルーチンとして定義していました。task_crud.create_task()がawaitを含んだコルーチンですので、create_task()からの返却値もawaitを使って返却します。

ここで、awaitの指定を忘れるとどうなるでしょうか？

async defで定義されるコルーチンは、同期的処理も行うことができると説明しました。そのためPythonは文法エラーとなりません。しかし、POST /tasksエンドポイントで「Execute」すると、task_model.Taskの代わりにcoroutineそのものをレスポンスとして返そうとするため、responseにidフィールドがないことから、レスポンススキーマの不具合として以下のようなエラーとなります。

実行結果

```
pydantic.error_wrappers.ValidationError: 1 validation error for ⏎
TaskCreateResponse
response -> id
  field required (type=value_error.missing)
```

同様に、このrouter定義にてawaitを付けていても、逆に呼び出し先のtask_crud.create_task(db, task_body)にてdb.commit()とdb.refresh()にawaitを付け忘れると、DBからの返却を待たずしてtask_model.Taskクラスを返そうとします。その際に、DBを呼び出した際に発行されるはずのidがまだアサインされておらず、以下のようなエラーとなりますので注意が必要です。

実行結果

```
/src/api/cruds/task.py:33: RuntimeWarning: coroutine 'AsyncSession.⏎
commit' was never awaited
  db.commit()
RuntimeWarning: Enable tracemalloc to get the object allocation ⏎
traceback
/src/api/cruds/task.py:34: RuntimeWarning: coroutine 'AsyncSession.⏎
refresh' was never awaited
  db.refresh(task)
RuntimeWarning: Enable tracemalloc to get the object allocation ⏎
traceback
...
```

```
pydantic.error_wrappers.ValidationError: 1 validation error for ⏎
TaskCreateResponse
response -> id
  none is not an allowed value (type=type_error.none.not_allowed)
```


R: Read

Create以外のCRUDsについても同様に、cruds（リスト13.4）および routers（リスト13.5）の各ファイルを変更していきます。

▼リスト13.4：api/cruds/task.py

```python
-def get_tasks_with_done(db: Session) -> list[tuple[int, str, bool]]:
+async def get_tasks_with_done(db: AsyncSession) -> list[tuple[int, ⏎
str, bool]]:
-     result: Result = db.execute(
+     result: Result = await db.execute(
```

get_tasks_with_done()関数もcreate_task()関数と同様コルーチンなので、async defで定義され、awaitを使ってResultを取得します（リスト13.5）。

▼リスト13.5：api/routers/task.py

```python
 @router.get("/tasks", response_model=list[task_schema.Task])
-async def list_tasks(db: Session = Depends(get_db)):
+async def list_tasks(db: AsyncSession = Depends(get_db)):
     # return [task_schema.Task(id=1, title="1つ目のTODOタスク")]
-     return task_crud.get_tasks_with_done(db)
+     return await task_crud.get_tasks_with_done(db)
```

U: Update

リスト13.6、リスト13.7のように書き換えます。

▼リスト13.6：api/cruds/task.py

```python
-def get_task(db: Session, task_id: int) -> task_model.Task | None:
-    result: Result = db.execute(
+async def get_task(db: AsyncSession, task_id: int) -> task_model.⏎
Task | None:
+    result: Result = await db.execute(
         select(task_model.Task).filter(task_model.Task.id == task_id)

...

-def update_task(
-    db: Session, task_create: task_schema.TaskCreate, original: ⏎
task_model.Task
+async def update_task(
+    db: AsyncSession, task_create: task_schema.TaskCreate, ⏎
original: task_model.Task
 ) -> task_model.Task:
     original.title = task_create.title
     db.add(original)
-    db.commit()
-    db.refresh(original)
+    await db.commit()
+    await db.refresh(original)
     return original
```

▼リスト13.7：api/routers/task.py

```python
 @router.put("/tasks/{task_id}", response_model=task_schema.⏎
TaskCreateResponse)
 async def update_task(
-    task_id: int, task_body: task_schema.TaskCreate, db: ⏎
Session = Depends(get_db)
+    task_id: int, task_body: task_schema.TaskCreate, db: ⏎
AsyncSession = Depends(get_db)
 ):
-    task = task_crud.get_task(db, task_id=task_id)
+    task = await task_crud.get_task(db, task_id=task_id)
     if task is None:
         raise HTTPException(status_code=404, detail="Task not found")

-    return task_crud.update_task(db, task_body, original=task)
+    return await task_crud.update_task(db, task_body, original=task)
```

D: Delete

リスト13.8、リスト13.9のように書き換えます。

▼リスト13.8：api/cruds/task.py

```python
-from sqlalchemy.orm import Session

...

-def delete_task(db: Session, original: task_model.Task) -> None:
-    db.delete(original)
-    db.commit()
+async def delete_task(db: AsyncSession, original: task_model.Task) ⏎
-> None:
+    await db.delete(original)
+    await db.commit()
```

▼リスト13.9：api/routers/task.py

```python
-from sqlalchemy.orm import Session

...

 @router.delete("/tasks/{task_id}", response_model=None)
-async def delete_task(task_id: int, db: Session = Depends(get_db)):
-    task = task_crud.get_task(db, task_id=task_id)
+async def delete_task(task_id: int, db: AsyncSession = ⏎
Depends(get_db)):
+    task = await task_crud.get_task(db, task_id=task_id)
     if task is None:
         raise HTTPException(status_code=404, detail="Task not found")

-    return task_crud.delete_task(db, original=task)
+    return await task_crud.delete_task(db, original=task)
```

Doneリソース

Doneリソースについても同様に書き換えましょう（リスト13.10、リスト13.11）。

▼リスト13.10：api/cruds/done.py

```
Python
 from sqlalchemy import select
 from sqlalchemy.engine import Result
-from sqlalchemy.orm import Session
+from sqlalchemy.ext.asyncio import AsyncSession

 import api.models.task as task_model


-def get_done(db: Session, task_id: int) -> task_model.Done | None:
-    result: Result = db.execute(
+async def get_done(db: AsyncSession, task_id: int) -> task_model.⏎
Done | None:
+    result: Result = await db.execute(
         select(task_model.Done).filter(task_model.Done.id == task_id)
     )
     return result.scalars().first()


-def create_done(db: Session, task_id: int) -> task_model.Done:
+async def create_done(db: AsyncSession, task_id: int) -> ⏎
task_model.Done:
     done = task_model.Done(id=task_id)
     db.add(done)
-    db.commit()
-    db.refresh(done)
+    await db.commit()
+    await db.refresh(done)
     return done


-def delete_done(db: Session, original: task_model.Done) -> None:
-    db.delete(original)
-    db.commit()
+async def delete_done(db: AsyncSession, original: task_model.Done) ⏎
-> None:
+    await db.delete(original)
+    await db.commit()
```

▼リスト13.11：api/routers/done.py

Python

```
 from fastapi import APIRouter, HTTPException, Depends
-from sqlalchemy.orm import Session
+from sqlalchemy.ext.asyncio import AsyncSession

...

 @router.put("/tasks/{task_id}/done", response_model=⏎
done_schema.DoneResponse)
-async def mark_task_as_done(task_id: int, db: Session = ⏎
Depends(get_db)):
-    done = done_crud.get_done(db, task_id=task_id)
+async def mark_task_as_done(task_id: int, db: AsyncSession = ⏎
Depends(get_db)):
+    done = await done_crud.get_done(db, task_id=task_id)
     if done is not None:
         raise HTTPException(status_code=400, detail=⏎
"Done already exists")

-    return done_crud.create_done(db, task_id)
+    return await done_crud.create_done(db, task_id)


 @router.delete("/tasks/{task_id}/done", response_model=None)
-async def unmark_task_as_done(task_id: int, db: Session = ⏎
Depends(get_db)):
-    done = done_crud.get_done(db, task_id=task_id)
+async def unmark_task_as_done(task_id: int, db: AsyncSession = ⏎
Depends(get_db)):
+    done = await done_crud.get_done(db, task_id=task_id)
     if done is None:
         raise HTTPException(status_code=404, detail="Done not found")

-    return done_crud.delete_done(db, original=done)
+    return await done_crud.delete_done(db, original=done)
```

最後に、変更したすべてのエンドポイントについて、エラーなく変更前のレスポンスが得られるかどうか、Swagger UIを使って動作確認しておきましょう。

次章では、本章にて非同期化されたコードをベースにユニットテストを書いていきます。

P05 まとめ

第13章では以下のことを解説しました。

- 非同期化する意義
- aiomysqlのインストール
- 非同期対応したDB接続関数
- 非同期対応したCRUDs

Part2
FastAPIアプリケーションの実装

Chapter14

ユニットテスト

最後に、これまで書いてきたコードをテストするテストコードを書いていきます。
ユニットテストは通常それ自体が仕様を表す「ドキュメント」となり得るものです。ドキュメントと言えば、FastAPIはリアルなデータで動作し、それ自体が強力なドキュメントにもなるSwagger UIを備えています。
とはいえ、Swagger UIだけではコードの変更時などにすべての挙動をチェックするのは困難です。コードのリグレッションをチェックする目的で、ユニットテストを書くのはとても有意義でしょう。

P01 テスト関連ライブラリのインストール

最初に、テストに必要なライブラリのインストールを行いましょう。

DB周りで非同期処理を行っているため、テストも非同期処理に対応させる必要があります。いくつかのPythonライブラリをインストールします。

本書ではPythonで有名なユニットテストフレームワークのpytestを使っていきます。pytestを非同期用に拡張する、`pytest-asyncio`をインストールします。

DBについては、前章までのproductionコードではMySQLを使用してきました。しかし、テストのたびにMySQLにデータベースを作成・削除すると、Dockerにより環境が閉じ込められているとはいえ、オーバーヘッドが大きいと言えます。そのため、ここではファイルベースのSQLiteをベースとした、SQLiteのオンメモリモードを使用することとします。

MySQLの非同期クライアントとして`aiomysql`をインストールしましたが、同様にSQLiteの非同期クライアントとして`aiosqlite`をインストールします。

本章のユニットテストでは、定義したFastAPIの関数を直接呼ぶのではなく、HTTPインターフェイスを使い、実際のリクエストとレスポンスを検証していきます。そのために必要な、非同期HTTPクライアントの`httpx`をインストールします。

docker compose upされてdemo-appが立ち上がっている状態で、以下のコマンドを実行します。

shell

```
$ docker compose exec demo-app poetry add -G dev pytest-asyncio ⏎
aiosqlite httpx
```

ここで、-GはPoetryの依存ライブラリをグルーピングするオプションです。今回は-G devとしてdevグループを指定することにより、本番環境向けの通常のデプロイではスキップされる、テストや開発時のローカル環境のみで使用するライブラリをインストールします。これによって本番環境では不要なライブラリをインストールせずに済み、コンテナでインストールする場合も結果的にコンテナのイメージサイズを減らしたり、ビルド時間を短縮することが可能です。

上記コマンドによって各ライブラリがインストールされ、pyproject.tomlとpoetry.lockが更新されます。

▼リスト14.1：pyproject.toml

toml

```toml
[tool.poetry]
name = "demo-app"
version = "0.1.0"
description = ""
authors = ["Your Name <you@example.com>"]
readme = "README.md"
packages = [{include = "demo_app"}]

[tool.poetry.dependencies]
python = "^3.11"
fastapi = "^0.91.0"
uvicorn = {extras = ["standard"], version = "^0.20.0"}
sqlalchemy = "^2.0.3"
pymysql = "^1.0.2"
aiomysql = "^0.1.1"


[tool.poetry.group.dev.dependencies]
pytest-asyncio = "^0.20.3"
aiosqlite = "^0.18.0"
httpx = "^0.23.3"

[build-system]
requires = ["poetry-core"]
build-backend = "poetry.core.masonry.api"
```

リスト14.1のように、[tool.poetry.group.dev.dependencies]にライブラリが新たに追加されているはずです。

P02 DB接続とテストクライアントの準備

DB接続とテストクライアントの準備について解説します。

ユニットテスト用に、プロジェクト直下にtestsディレクトリを作成しましょう。

空ファイルの__init__.pyと、テストファイルtest_main.pyを作成します。結果的に、図14.1のようなディレクトリ構成になるはずです。

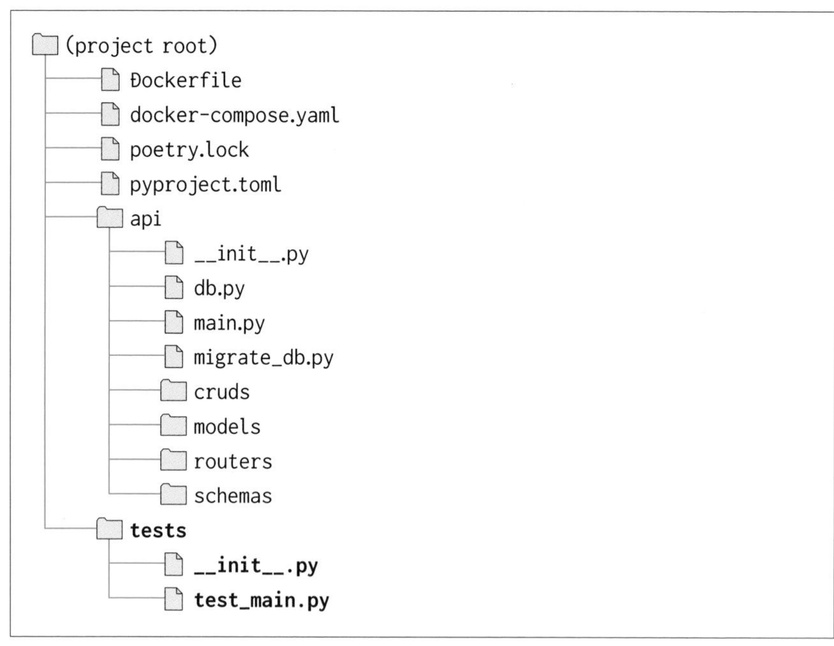

▲図14.1：testsディレクトリを含んだプロジェクトのディレクトリ構成

最初に、pytestの**フィクスチャ（fixture）**を定義していきます（リスト14.2）。

フィクスチャは、テスト関数の前処理や後処理を定義することができる関数です。xUnit系のユニットテストツールで言うところの、`setup()`や`teardown()`に相当するものですが、Pythonには`yield`文がありますので、これらをまとめて1つの関数として定義することができます。ここでは`pytest-asyncio`を利用するのでフィクスチャ関数には、`@pytest_asyncio.fixture`デコレータを付与します。

テスト用にDBの接続をすべて定義する必要があるため、少々複雑になっています。以下の処理を行います。

1. 非同期対応したDB接続用のengineとsessionを作成
2. テスト用にオンメモリのSQLiteテーブルを初期化（関数ごとにリセット）
3. DIを使ってFastAPIのDBの向き先をテスト用DBに変更
4. テスト用に非同期HTTPクライアントを返却

▼リスト14.2：tests/test_main.py

Python

```python
import pytest
import pytest_asyncio
from httpx import AsyncClient
from sqlalchemy.ext.asyncio import create_async_engine, AsyncSession
from sqlalchemy.orm import sessionmaker

from api.db import get_db, Base
from api.main import app

ASYNC_DB_URL = "sqlite+aiosqlite:///:memory:"


@pytest_asyncio.fixture
async def async_client() -> AsyncClient:
    # 非同期対応したDB接続用のengineとsessionを作成
    async_engine = create_async_engine(ASYNC_DB_URL, echo=True)
    async_session = sessionmaker(
        autocommit=False, autoflush=False, bind=async_engine, ⏎
class_=AsyncSession
    )
```

```
    # テスト用にオンメモリのSQLiteテーブルを初期化（関数ごとにリセット）
    async with async_engine.begin() as conn:
        await conn.run_sync(Base.metadata.drop_all)
        await conn.run_sync(Base.metadata.create_all)

    # DIを使ってFastAPIのDBの向き先をテスト用DBに変更
    async def get_test_db():
        async with async_session() as session:
            yield session

    app.dependency_overrides[get_db] = get_test_db ―――――――――― ❶

    # テスト用に非同期HTTPクライアントを返却
    async with AsyncClient(app=app, base_url="http://test") as client:
        yield client
```


ここで、肝になるのが「第12章 DB操作（CRUDs）」で説明した、get_dbのオーバーライドです。

ルーターはリスト14.3のように定義していました。

▼リスト14.3：api/routers/tasks.py

```python
@router.post("/tasks", response_model=task_schema.TaskCreateResponse)
async def create_task(
    task_body: task_schema.TaskCreate, db: AsyncSession = ⏎
Depends(get_db)
):
```

このget_db関数は通常api/db.pyからインポートされるものです。しかし、フィクスチャの中でapp.dependency_overrides[get_db] = get_test_dbと定義することで、上記のAPIがコールされたときに、get_dbの代わりにget_test_dbを使うようにオーバーライドしています（リスト14.2❶）。このおかげで、ユニットテストのためにproductionコードであるrouterの内容を書き換える必要がなくなります。これはまさに、DIの力によるものなのです。

03 テストを書く(1)

1つ目のテスト関数を作成します。

それでは、実際にテストコードを書いていきましょう。

非同期のpytest関数として、@pytest.mark.asyncioデコレータを持つasync defで始まるコルーチンを作成します（リスト14.4）。

▼リスト14.4：tests/test_main.py

Python

```
import starlette.status


@pytest.mark.asyncio
async def test_create_and_read(async_client):
    response = await async_client.post("/tasks", ⏎
json={"title": "テストタスク"})  ❶
    assert response.status_code == starlette.status.HTTP_200_OK
    response_obj = response.json()
    assert response_obj["title"] == "テストタスク"

    response = await async_client.get("/tasks")  ❷
    assert response.status_code == starlette.status.HTTP_200_OK
    response_obj = response.json()
    assert len(response_obj) == 1
    assert response_obj[0]["title"] == "テストタスク"
    assert response_obj[0]["done"] is False
```

関数の引数にtest_create_and_read(async_client)として先ほど定義したasync_clientフィクスチャを定義します。そうすると、フィクスチャの返り値が入った状態でこの関数が実行されますので、async_client.post()というようにクライアントを利用することが可能です。

この関数では、最初にPOSTコールによってToDoタスクを作成し（リスト

14.4❶)、続くGETコールによって作成したToDoタスクを確認しています（リスト14.4❷）。

それぞれ最初にjson={"title": "テストタスク"}で渡したタスクが返却されていることが確認できます。

P04 テストを書く(2)

2つ目のテスト関数を作成します。

次に、完了フラグを使ったテストも追加してみましょう。

「第12章 DB操作（CRUDs）」で説明したように、完了フラグのON/OFFを複数回コールした場合に正しいステータスコードが返ってくることを、シナリオとしてテストしていきます（リスト14.5）。

▼リスト14.5：tests/test_main.py

Python

```
@pytest.mark.asyncio
async def test_done_flag(async_client):
    response = await async_client.post("/tasks", ⏎
json={"title": "テストタスク2"})
    assert response.status_code == starlette.status.HTTP_200_OK
    response_obj = response.json()
    assert response_obj["title"] == "テストタスク2"

    # 完了フラグを立てる
    response = await async_client.put("/tasks/1/done")
    assert response.status_code == starlette.status.HTTP_200_OK

    # 既に完了フラグが立っているので400を返却
    response = await async_client.put("/tasks/1/done")
    assert response.status_code == starlette.status.HTTP_400_BAD_⏎
REQUEST

    # 完了フラグを外す
    response = await async_client.delete("/tasks/1/done")
    assert response.status_code == starlette.status.HTTP_200_OK

    # 既に完了フラグが外れているので404を返却
    response = await async_client.delete("/tasks/1/done")
    assert response.status_code == starlette.status.HTTP_404_NOT_FOUND
```

05 テストを実行する

作成したテストを実行しましょう。

最後に、ここまでに書いたテストを実行してみましょう。
プロジェクトのルートディレクトリで、以下のコマンドを実行します。

shell
```
$ docker compose run --entrypoint "poetry run pytest" demo-app
```

テストが成功すれば、以下のように{テストの個数} passedと表示されて終了します。
失敗した場合は、同時に{失敗したテストの個数} failed, {成功したテストの個数} passedと表示されます。

コマンド結果
```
======================== test session starts =========================
platform linux -- Python 3.11.2, pytest-7.2.1, pluggy-1.0.0
rootdir: /src
plugins: anyio-3.6.2, asyncio-0.20.3
asyncio: mode=Mode.STRICT
collected 2 items

tests/test_main.py ..                                          [100%]

========================= 2 passed in 0.24s ==========================
```

06 parametrizeテスト

複数のテストケースを同じテストで扱うために、parametrizeテストを導入します。

これまで書いてきたユニットテストの応用として、最後にparametrizeテストについて紹介します。

parametrizeテストは複数のテストケースを1つの関数で扱いたい際に力を発揮します。最初はparametrizeを使わずにテストを書き、順を追ってparametrizeに書き換えてみましょう。

コラム

テストコードのコピペは悪なのか？

ユニットテストを書いていると、コピペ（コピーアンドペースト）を使って同じようなテストを量産するような状況に陥ることがあります。

コードを書く際はDRY原則（Don't Repeat Yourself）に従い、同じようなコードは書かずに重複部分は共通化するのが基本ですが、ユニットテストに関してはコピペが悪かというと必ずしもそうとはいい切れません。

コードに変更があった際にリグレッションを発見するためにCI（Continuous Integration、継続的インテグレーション）を利用して自動でテストが回るようにすることはよくありますが、テストがfailした際にはすぐにどこでテストがfailしているかを発見したいです。しかし、いざfailしたテストを見に行っても、コードの重複を防ぐためにテストが高度に抽象化されているとそもそも何をやっているテストかわからなかったり、テスト対象のproductionコードをデバッグする以前にテストコードを理解するために時間を要するという本末転倒な状況になることがあります。できるだけシンプルに、関連するコードが一箇所にまとまったコードの方がデバッグはしやすくなります。

テストコードのコピペはある程度仕方がないと言いつつも、コピペを多用しているとコードの量が増え可読性が下がってくるのは避けられません。

上記のような高度な抽象化をせずともテストコードの共通化が有利に働くケースがあります。それは、テスト対象の呼び出しに関する処理は共通しているが、テストの入出力のパラメータだけが異なるというケースです。こうしたケースではまさにparametrizeが力を発揮します。

準備：Taskに期限を設定する

題材設定として、第10章で定義したタスクに、期限を設定できるようにしてみましょう。これまでの例を借りると、図14.2のようにToDoのそれぞれのタスクに個別の期限が日付で設定できるイメージです。

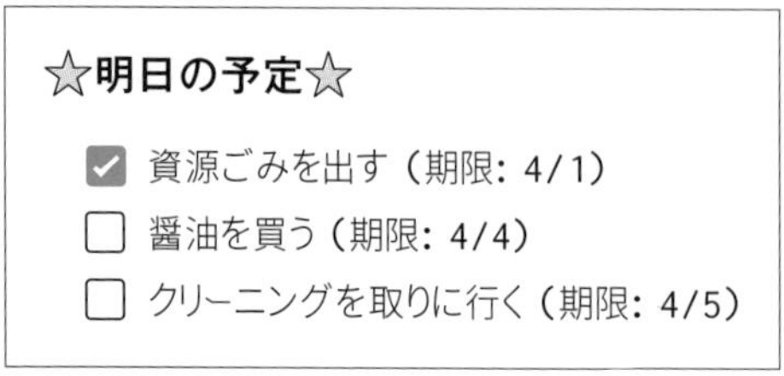

☆明日の予定☆

- [x] 資源ごみを出す（期限: 4/1）
- [ ] 醤油を買う（期限: 4/4）
- [ ] クリーニングを取りに行く（期限: 4/5）

▲図14.2：ToDoアプリに期限が設定されたイメージ

第10章のスキーマで定義したTaskBaseをリスト14.6のように書き換えます。

▼リスト14.6：api/schemas/task.py

```
Python
+import datetime
 from pydantic import BaseModel, Field

 ...

 class TaskBase(BaseModel):
     title: str | None = Field(None, example="クリーニングを取りに行く")
+    due_date: datetime.date | None = Field(None, example="2024-12-01")
```

ここで、新しいフィールドdue_dateはdate型を取ることとします。

この新しいフィールドに対応するDBモデルも変更を行います（リスト14.7）。

▼リスト14.7：api/models/task.py

```
Python
-from sqlalchemy import Column, Integer, String, ForeignKey
+from sqlalchemy import Column, Integer, String, ForeignKey, Date

 ...

 class Task(Base):
```

```
    __tablename__ = "tasks"

    id = Column(Integer, primary_key=True)
    title = Column(String(1024))
+   due_date = Column(Date)
```

本章3節の「テストを書く（1）」で書いたtest_create_and_read()関数をもとに、リスト14.8のようにtest_due_date()関数を作成します（元の関数のコピペで大丈夫です）。

▼リスト14.8：tests/test_main.py

```
Python
@pytest.mark.asyncio
async def test_due_date(async_client):
    response = await async_client.post("/tasks", 
json={"title": "テストタスク", "due_date": "2024-12-01"})
    assert response.status_code == starlette.status.HTTP_200_OK
```

これを実行してみましょう。

pytestは-kオプションで特定のテスト関数だけを指定することが可能です。

```
shell
$ docker compose run --entrypoint "poetry run pytest -k 
test_due_date" demo-app
```

これを実行すると、問題なくパスすることがわかります。

```
コマンド結果
=================== 1 passed, 2 deselected in 0.60s ===================
```

次に、このテストを意図的にfailさせてみます。ここまではtitleに対するテストとほぼ同様だったのですが、今回はdate型を指定しているので、リスト14.9のようにカレンダー上に存在しない間違った日付（**2024-12-32**、32日は存在しない）を与えることでエラーになることが確認できます。

▼リスト14.9：tests/test_main.py

```
Python
 @pytest.mark.asyncio
 async def test_due_date(async_client):
     response = await async_client.post("/tasks", ⏎
json={"title": "テストタスク", "due_date": "2024-12-01"})
     assert response.status_code == starlette.status.HTTP_200_OK

+    response = await async_client.post("/tasks", ⏎
json={"title": "テストタスク", "due_date": "2024-12-32"})
+    assert response.status_code == starlette.status.HTTP_200_OK
```

これを実行すると、以下のようなエラーでfailするはずです。

```
shell／コマンド結果
FAILED tests/test_main.py::test_due_date - AssertionError: assert 422 ⏎
== 200
```

422エラーはHTTPステータスコードでは、"Unprocessable Entity"を意味し、FastAPIで定義したスキーマ、今回はリクエストの型に違反したことによって発生したエラーです。

エラーの詳細はレスポンスの中身で見ることができます。

エラーが発生しているassertの前に、レスポンスの中身response.contentを出力するように変更してみます（リスト14.10）。

▼リスト14.10：tests/test_main.py

```
Python
 @pytest.mark.asyncio
 async def test_due_date(async_client):
     ...

     response = await async_client.post("/tasks", ⏎
json={"title": "テストタスク", "due_date": "2024-12-32"})
+    print(response.content)
     assert response.status_code == starlette.status.HTTP_200_OK
```

もう一度テストを実行すると、エラーの詳細がわかります。

shell/コマンド結果

```
------------------------ Captured stdout call -------------------------
b'{"detail":[{"loc":["body","due_date"],"msg":"invalid date format",⏎
"type":"value_error.date"}]}'
```

必須パラメータのdue_dateが不正なdateフォーマットである("invalid date format")と怒られていることがわかりますね。

新しく追加したフィールドと、そのバリデーションがエラーになることがわかったので、テストをパスするようにアサーションを422エラーに変更し、ついでに先ほど追加したprint()文は不要なので消しておきましょう(リスト14.11)。

▼リスト14.11：tests/test_main.py

Python

```
@pytest.mark.asyncio
async def test_due_date(async_client):
    ...

    response = await async_client.post("/tasks", ⏎
json={"title": "テストタスク", "due_date": "2024-12-32"})
-   print(response.content)
-   assert response.status_code == starlette.status.HTTP_200_OK
+   assert response.status_code == starlette.status.HTTP_422_⏎
UNPROCESSABLE_ENTITY
```

コラム

FastAPIでのdate型の扱い

FastAPIでは、スキーマとしてdate型を指定すると、jsonやパスパラメータとして受け取る際にはstrとして受け取り、これをデシリアライズしてdate型に変換してくれます。この変換は、FastAPIが依存しているバリデーションライブラリであるPydanticが担います。

Pydanticでは、date型はISO8601というフォーマット("YYYY-MM-DD")で指定することになっています。正規表現ではr'(?P<year>\d{4})-(?P<month>\d{1,2})-(?P<day>\d{1,2})'と表現されます。

同様に、time型は"HH:MM[:SS[.ffffff]][Z or [±]HH[:]MM]]]"、正規表現ではr'(?P<hour>\d{1,2}):(?P<minute>\d{1,2})(?::(?P<second>\d{1,2})(?:\.(?P<microsecond>\d{1,6})\d{0,6})?)?(?P<tzinfo>Z|[+-]\d{2}(?::?\d{2})?)?$'と表現されます。

複数テストの追加

先ほどは、カレンダー上に存在しない日付を指定するケースを追加しましたが、さらに日付のフォーマットが間違っているケース（2024/12/01と2024-1201）を追加します。

この際テスト自体はパスしてほしいので、先ほどと同様レスポンスのstatus_codeの期待値としてHTTP_422_UNPROCESSABLE_ENTITYを指定します（リスト14.12）。

▼リスト14.12：tests/test_main.py

```
Python
 @pytest.mark.asyncio
 async def test_due_date(async_client):
     response = await async_client.post("/tasks", ⏎
json={"title": "テストタスク", "due_date": "2024-12-01"})
     assert response.status_code == starlette.status.HTTP_200_OK

     response = await async_client.post("/tasks", ⏎
json={"title": "テストタスク", "due_date": "2024-12-32"})
     assert response.status_code == starlette.status.HTTP_422_⏎
UNPROCESSABLE_ENTITY

+    response = await async_client.post("/tasks", ⏎
json={"title": "テストタスク", "due_date": "2024/12/01"})
+    assert response.status_code == starlette.status.HTTP_422_⏎
UNPROCESSABLE_ENTITY
+
+    response = await async_client.post("/tasks", ⏎
json={"title": "テストタスク", "due_date": "2024-1201"})
+    assert response.status_code == starlette.status.HTTP_422_⏎
UNPROCESSABLE_ENTITY
```

それではこのテストで4つのケースの共通化を行うためのリファクタリングを行っていきましょう。

テストコードを同じ入出力を受け取るようにリファクタリングするには、

1. テストケース間での共通部分を確認する
2. 入力をループで回せるようにリストなどに詰める
3. 出力もループで回せるようにリストなどに詰める

というステップが必要です。

まず、共通部分を確認します。今回のテストケースの場合は比較的単純ですが、async_client.post()で/tasksエンドポイントを呼んでいる点、与えるパラメータはjson型で"title"と"due_date"の2つがある点、また、assertではこのAPIコールのresponse.status_codeを期待値と比較する点が共通しているのがわかります。

共通部分が把握できたら、入力をパラメータ化していきます。

先ほどの確認で共通部分ではないとわかった"due_date"パラメータをinput_listに定義します。また、これらを受け取る変数として、仮にinput_paramを入れておきます（リスト14.13）。

▼リスト14.13：tests/test_main.py

Python

```
@pytest.mark.asyncio
async def test_due_date(async_client):
    input_list = ["2024-12-01", "2024-12-32", "2024/12/01", ⏎
"2024-1201"]
    response = await async_client.post("/tasks", ⏎
json={"title": "テストタスク", "due_date": input_param})
    assert response.status_code == starlette.status.HTTP_200_OK

    response = await async_client.post("/tasks", ⏎
json={"title": "テストタスク", "due_date": input_param})
    assert response.status_code == starlette.status.HTTP_422_⏎
UNPROCESSABLE_ENTITY

    response = await async_client.post("/tasks", ⏎
json={"title": "テストタスク", "due_date": input_param})
    assert response.status_code == starlette.status.HTTP_422_⏎
UNPROCESSABLE_ENTITY

    response = await async_client.post("/tasks", ⏎
json={"title": "テストタスク", "due_date": input_param})
    assert response.status_code == starlette.status.HTTP_422_⏎
UNPROCESSABLE_ENTITY
```

そして、出力をパラメータ化していきます。

レスポンスのstatus_codeの期待値をそれぞれexpectation_listに詰めていきます。inputと同様に、これらをそれぞれ受け取る変数として、仮に

expectationを入れておきます（リスト14.14）。

▼リスト14.14：tests/test_main.py

```python
@pytest.mark.asyncio
async def test_due_date(async_client):
    input_list = ["2024-12-01", "2024-12-32", "2024/12/01", ⏎
"2024-1201"]
    expectation_list = [
        starlette.status.HTTP_200_OK,
        starlette.status.HTTP_422_UNPROCESSABLE_ENTITY,
        starlette.status.HTTP_422_UNPROCESSABLE_ENTITY,
        starlette.status.HTTP_422_UNPROCESSABLE_ENTITY,
    ]
    response = await async_client.post("/tasks", ⏎
json={"title": "テストタスク", "due_date": input_param})
    assert response.status_code == expectation

    response = await async_client.post("/tasks", ⏎
json={"title": "テストタスク", "due_date": input_param})
    assert response.status_code == expectation

    response = await async_client.post("/tasks", ⏎
json={"title": "テストタスク", "due_date": input_param})
    assert response.status_code == expectation

    response = await async_client.post("/tasks", ⏎
json={"title": "テストタスク", "due_date": input_param})
    assert response.status_code == expectation
```

ここまで完了すると、3つのテストケースがすべて共通化された状態になっていることがわかります。

最後にこれを実際に動くようにループで取り出すように変更します（リスト14.15）。

▼リスト14.15：tests/test_main.py

```python
@pytest.mark.asyncio
async def test_due_date(async_client):
    input_list = ["2024-12-01", "2024-12-32", "2024/12/01", ⏎
"2024-1201"]
    expectation_list = [
```

```
        starlette.status.HTTP_200_OK,
        starlette.status.HTTP_422_UNPROCESSABLE_ENTITY,
        starlette.status.HTTP_422_UNPROCESSABLE_ENTITY,
        starlette.status.HTTP_422_UNPROCESSABLE_ENTITY,
    ]
    for input_param, expectation in zip(input_list, expectation_list):
        response = await async_client.post("/tasks", ⏎
json={"title": "テストタスク", "due_date": input_param})
        assert response.status_code == expectation
```

`input_list`と`expectation_list`の2つのリストに対してイテレーションするため、for文では`zip()`関数を指定しています。

parametrize化する

このままでも問題ないのですが、元の関数と比べてループが追加されている分、複雑になっていることがわかります。

さらに、入出力が別々に定義されているため、4つ程度のテストケースでは問題ないものの、ケースの数が増えてくると入力値と出力値の対応を取るのが難しくなってくる恐れがあります。このようなときに、parametrizeテストが力を発揮します。

parametrizeテストはpytestの機能で、`@pytest.mark.parametrize`デコレータを渡すことで実現できます。

最終的に、`test_due_date()`関数をリスト14.16のように書き換えます。

▼リスト14.16：tests/test_main.py

Python

```
@pytest.mark.asyncio
@pytest.mark.parametrize(
    "input_param, expectation",  ──── ❶
    [
        ("2024-12-01", starlette.status.HTTP_200_OK),
        ("2024-12-32", starlette.status.HTTP_422_UNPROCESSABLE_ENTITY),
        ("2024/12/01", starlette.status.HTTP_422_UNPROCESSABLE_ENTITY),
        ("2024-1201", starlette.status.HTTP_422_UNPROCESSABLE_ENTITY),
    ],                                                          ❷
)
async def test_due_date(input_param, expectation, async_client):
    response = await async_client.post(                        ❸
```

```
        "/tasks", json={"title": "テストタスク", ⏎
"due_date": input_param}
    )
    assert response.status_code == expectation
```


parametrizeデコレータの1つ目の引数には、文字列で先ほどのループで取り出している変数名を渡します。ここでは入力と出力の2つをパラメータ化したいので、"input_param, expectation"を指定します（リスト14.16❶）。

そして、この2つのパラメータを1組ずつタプル(input_param, expectation)の形式にし、それらをリストにしてparametrizeデコレータの2つ目の引数に渡します（リスト14.16❷）。

input_param, expectationのそれぞれの変数で取り出せるように、これら2つの変数をtest_due_date()関数の引数に追加します（リスト14.16❸）。

parametrizeデコレータにより、定義したtupleごとに呼ばれるためtest_due_date()関数の中ではループを書く必要がなくなりました。先ほどのinput_listとexpectation_listでループを回していた書き方と比べてテストコードの見通しが良くなったことがわかります。

ここまで見てくると、本章第4節の「テストを書く（2）」で作成したtest_done_flag()関数もparametrize化ができそうと考えられたかもしれません。

しかし、test_done_flag()関数ではPUTリクエストが成功していないと次のDELETEリクエストが成功しないというように、テストケースの順番に意味があります。このようにテストケースの状態に他のテストケースが依存するようなケースではparametrizeは使えず、それぞれが独立していなければならないことに注意が必要です。

07 まとめ

第14章では以下のことを解説しました。

- テスト関連ライブラリのインストール
- DB接続とテストクライアントの準備
- テストを書く（1）
- テストを書く（2）
- テストを実行する
- parametrizeテスト

Part3
クラウドプラットフォームへのデプロイ

Chapter15

クラウドプラットフォームへのデプロイの概要と準備

本章以降（第15～17章）では、これまで作ってきたWeb APIを、クラウドプラットフォーム上にデプロイしていきましょう。

P01 クラウドプラットフォームの概要

本書で扱うクラウドプラットフォームについて説明します。

前章まででではローカル環境上のDockerでSwagger UIの画面から動作を確認してきましたが、同じことをクラウド上で行うのが目標です。

クラウドプラットフォームを利用することによって、自分以外の人がインターネットからアクセスできるようになったり、APIアクセスするフロントエンドを用意することによってWebアプリケーションを構築することが可能になります。

本章以降（第15〜17章）では、クラウドプラットフォームとして**AWS**（Amazon Web Services）および**GCP**（Google Cloud Platform）の2種類を扱います。どちらも堅牢なプラットフォームで本書のWeb APIを扱う上では大きな優劣はありません。Web APIを含んだインフラをどのように整備したいのか、あるいは既に業務にてこれらのクラウドプラットフォームを利用しているのであれば、業務で利用している環境をそのまま活用するといいでしょう。

コスト観点でいうと、どちらも最初にアカウント作成する際に無料枠が割り当てられます。基本的には本書ではインスタンスの構成を最小にすることなどにより、最大限この無料枠を利用するようにしますが、一部のサービス（機能）では課金が発生するものもありますのでご注意ください。

無駄な課金を減らしたい場合は、作成後に利用しない期間を作らないこと、すなわち使わないリソースであればこまめに停止や削除をすることをおすすめいたします。

また、今後の説明では、なるべくそれぞれのクラウドプラットフォームが用意しているWebコンソールを利用して作業を行います。

理由としては、Webコンソールでは多くの情報が視覚的に集約されて表示されているため、進捗や状況を確認しながらステップを進めることができ、理解しやすいためです。

Webコンソール以外にもどちらのプラットフォームもターミナルで動作するCLIインターフェイスを提供しており、それだけでほぼすべてのステップを完結することも可能です。しかし、Webコンソールの方が何か問題が起こった際のエラー表示などもリッチでわかりやすいことが多いため、プラットフォーム上の新しいサービス・機能に触れる際には、まずはWebコンソールを利用することをおすすめします。

02 クラウドプラットフォーム上で利用するサービス

クラウドプラットフォーム上で利用するサービスについて解説します。

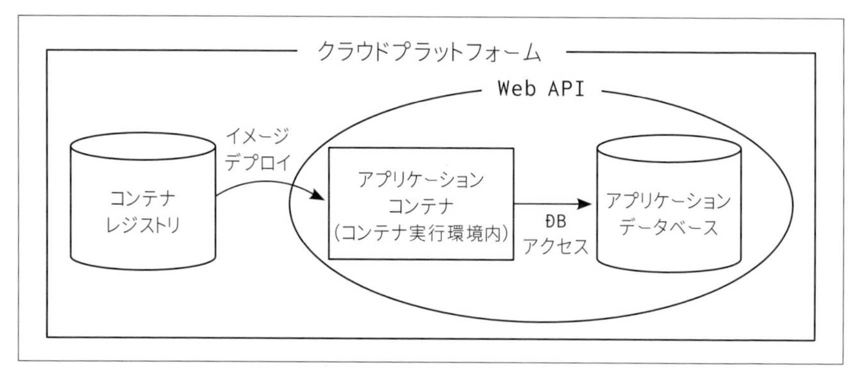

▲図15.1：クラウドプラットフォームの構成の概要

本書の内容をクラウドプラットフォーム上にデプロイするにあたり、必要なメインのサービス（プロダクト）は3種類です（図15.1）。

- コンテナ実行環境
  - コンテナレジストリにアップロードしたイメージからコンテナを実行
  - HTTP(S)リクエストを受け付ける
- コンテナレジストリ
  - コンテナイメージをホスティングする
- データベース
  - クラウドプラットフォーム上にMySQLインスタンスを立てる

◦ マネージド型であるため自前でサーバーを立てるよりスケーリングやメンテナンス・バックアップなどが容易

それぞれの機能を提供するサービスが、AWSおよびGCPにそれぞれ準備されております。それぞれの機能については次章以降デプロイのタイミングで説明しますが、比較のために表15.1に対応表を用意しました。

どちらのプラットフォームを選択したとしても、同じことが実現できるのがわかります。

▼表15.1：クラウドプラットフォームごとの利用するサービスの比較表

	AWS	GCP
コンテナ実行環境	AWS App Runner	Cloud Run
コンテナレジストリ	Amazon ECR (Elastic Container Registry)	GCR (Container Registry)
データベース	Amazon RDS	Cloud SQL

03 デプロイ前のコンテナの準備

クラウドプラットフォームに触れる前に、AWS/GCPで共通するコンテナイメージの整備を行います。

クラウドプラットフォームには、これまで作成してきたDockerのコンテナイメージをアップロードし、それをクラウド上にデプロイする構成とします。

実際にクラウドプラットフォームへデプロイを開始する前に、これまでローカル環境のみで参照してきたコンテナイメージを、本番環境の運用に耐えられる構成にしていきましょう。

DB接続情報の書き換え

api/db.pyでは、DB接続先URLとして、リスト15.1を指定していました。

▼リスト15.1：api/db.py

```python
ASYNC_DB_URL = "mysql+aiomysql://root@db:3306/demo?charset=utf8"
```

これはローカル環境におけるdocker compose上のDBの接続先になりますので、クラウドプラットフォームのDBとdocker compose上のDBの両方に対応できるように、リスト15.2のように書き換えます。

▼リスト15.2：api/db.py

```python
+import os

 from sqlalchemy.ext.asyncio import create_async_engine, AsyncSession
 from sqlalchemy.orm import sessionmaker, declarative_base

+DB_USER = os.environ.get("DB_USER", "root")
```

```
+DB_PASSWORD = os.environ.get("DB_PASSWORD", "")
+DB_HOST = os.environ.get("DB_HOST", "db")
+DB_PORT = os.environ.get("DB_PORT", "3306")

-ASYNC_DB_URL = "mysql+aiomysql://root@db:3306/demo?charset=utf8"
+ASYNC_DB_URL = (
+    f"mysql+aiomysql://{DB_USER}:{DB_PASSWORD}@{DB_HOST}:{DB_PORT}/⏎
demo?charset=utf8"
+)
...
```


まず、環境変数を利用するために、import osします。

DBのユーザー、パスワード、ホスト、ポートの4つの環境変数を設定します。

それぞれの環境変数は初期値を持ち、これをdocker compose上のDBのものにしてあるので、ローカル環境ではこれまでどおり動作します。

DB migrationの書き換え

第11章では、MySQLに最初にテーブルを作成するために、api/migrate_db.pyを手動で実行しました。

クラウドプラットフォーム上ではコンテナを利用したデプロイを行いますので、ローカル環境のように自由にコマンド実行するのは簡単ではありません。

そのため、FastAPIアプリケーションの起動時にDBマイグレーションスクリプトを自動実行し、もしDBやテーブル定義が存在しなければ作成するように変更しましょう。

第4章で記述したDockerfileの最後の部分は、リスト15.3のようになっていました。

▼リスト15.3：Dockerfile

Dockerfile

```
# uvicornのサーバーを立ち上げる
ENTRYPOINT ["poetry", "run", "uvicorn", "api.main:app", "--host", ⏎
"0.0.0.0", "--reload"]
```

ENTRYPOINTではコンテナ実行時に実行されるコマンドを記述しますが、今回は、

1. DB migrationを実行する
2. uvicornのサーバーを立ち上げる

というように2つのコマンドを実行するように変更したいので、これらを実行するシェルスクリプトentrypoint.shを用意し、上記のENTRYPOINTを用意しておきます（リスト15.4）。ここで、DBマイグレーションのファイルとしてこの後クラウド環境用に新しくapi/migrate_cloud_db.pyを作成するので、マイグレーションスクリプトはあらかじめこのファイルを呼び出すようにしておきます。（リスト15.4❶）

▼リスト15.4：entrypoint.sh

シェルスクリプト

```
#!/bin/bash

# DB migrationを実行する
poetry run python -m api.migrate_cloud_db ——— ❶

# uvicornのサーバーを立ち上げる
poetry run uvicorn api.main:app --host 0.0.0.0 --reload
```

コラム

DockerfileにおけるENTRYPOINTとRUNの違い

Dockerfile内にこのような記述があったことを覚えているかもしれません。

Dockerfile

```
RUN poetry config virtualenvs.in-project true
```

このRUNという命令は複数あったため、これを複数並べればDB migrationとuvicornサーバーの起動を順番に行えるように考えるかもしれません。しかし、これには問題があります。
実はRUNとENTRYPOINT（あるいはCMD）の大きな違いはコマンドの実行タイミングです。
ENTRYPOINTは実際にイメージを起動するタイミングで実行されるのに対し、RUNはDockerイメージのビルド時に実行されます。これがどちらもローカル環境で行われるのであれば単にタイミングの違いと言ってしまってよいのですが、本書ではビルドをローカル環境で行い、コンテナの実行をクラウドプラットフォーム上で行います。そのため、DBマイグレーションはDBが存在するクラウドプラットフォーム上で行う必要があります（ビルド自体をクラウドプラットフォーム上で行う方法もありますが、クラウドプラットフォームではネットワーク設定などを正しく行わなければDBへの接続ができず、より準備が複雑になります）。

クラウドプラットフォーム用に、entrypoint.shを呼び出すように変更した新しいDockerfileを作成します。

ビルド時にDockerfileを切り替えることができますので、元のDockerfileをコピーし、新しくDockerfile.cloudを作成します（リスト15.5）。

▼リスト15.5：Dockerfile.cloud

Dockerfile

```
# python3.11のイメージをダウンロード
FROM python:3.11-buster
# pythonの出力表示をDocker用に調整
ENV PYTHONUNBUFFERED=1

WORKDIR /src

# pipを使ってpoetryをインストール
RUN pip install poetry

# poetryの定義ファイルをコピー（存在する場合）
COPY pyproject.toml* poetry.lock* ./

# デプロイに必要                              ┐
COPY api api                                  ├❷
COPY entrypoint.sh ./                         ┘

# poetryでライブラリをインストール（pyproject.tomlが既にある場合）
RUN poetry config virtualenvs.in-project true
RUN if [ -f pyproject.toml ]; then poetry install --no-root; fi

# DB migrationを実行し、uvicornのサーバーを立ち上げる ┐
ENTRYPOINT ["bash", "entrypoint.sh"]                  ┘❶
```

最後のENTRYPOINTがオリジナルのDockerfileのものと異なり、先ほど用意したentrypoint.shを実行するようになっています（リスト15.5❶）。

また、ローカル環境のdocker composeでは、リスト15.6のようにローカル環境のディレクトリをvolumeとしてアタッチしていました。

▼リスト15.6：docker-compose.yaml

```yaml
  demo-app:
    ...
    volumes:
      - .dockervenv:/src/.venv
      - .:/src
```


クラウドプラットフォーム上ではdocker composeを使わずに、純粋にDockerコンテナを起動させます。そのため、FastAPIアプリの中身と作成したentrypoint.shもコンテナイメージの中にバンドルする必要があり、apiディレクトリとentrypoint.shに対するCOPY行が追加されています（リスト15.5❷）。

また、これまでのローカル環境ではDocker化されたMySQLを利用しており、リスト15.7のようにdocker-compose.yamlに初期データベース（MYSQL_DATABASE）を記述していたため、demoという名前のデータベースが自動で作成されていました。

▼リスト15.7：docker-compose.yaml

```yaml
  db:
    image: mysql:8.0
    environment:
      MYSQL_ALLOW_EMPTY_PASSWORD: 'yes'  # rootアカウントを⏎
パスワードなしで作成
      MYSQL_DATABASE: 'demo'  # 初期データベースとしてdemoを設定
      TZ: 'Asia/Tokyo'  # タイムゾーンを日本時間に設定
```

クラウドプラットフォーム上ではこれとは異なり、通常のMySQLにおける方法、すなわちCREATE DATABASE demo;クエリを実行することでデータベースを作成することとします。

さらに、DBマイグレーションの操作はentrypoint.shによってコンテナの起動ごとに実行されます。そのため、**冪等（べきとう）**、すなわち何度実行しても同じ結果が得られるようにする必要があります。ここで言う「同じ結果」とは、「データベースおよびテーブルが作成された状態」、さらにはコンテナを再実行したり、APIに機能追加をして新しいイメージをアップロードしても「データベース内のデータは保持された状態」のことを指します。

ローカル環境では元のDB migrationの方法を使い続ければ良いので、ここではクラウドプラットフォームで動かすためのDBマイグレーションファイルを新しく用意しましょう。api/migrate_db.pyをコピーし、リスト15.8のようにapi/migrate_cloud_db.pyを用意します。

▼リスト15.8：api/migrate_cloud_db.py

Python

```
from sqlalchemy.exc import InternalError, OperationalError
from sqlalchemy import create_engine, text

from api.models.task import Base
from api.db import DB_USER, DB_PASSWORD, DB_HOST, DB_PORT

# api/db.py からDB接続用の定数を取得（環境変数に由来）
DB_URL = f"mysql+pymysql://{DB_USER}:{DB_PASSWORD}@{DB_HOST}:⏎
{DB_PORT}/?charset=utf8"
DEMO_DB_URL = (
    f"mysql+pymysql://{DB_USER}:{DB_PASSWORD}@{DB_HOST}:⏎
{DB_PORT}/demo?charset=utf8"
)

engine = create_engine(DEMO_DB_URL, echo=True)


def database_exists():
    # 接続を試みることでdemoデータベースの存在を確認
    try:
        engine.connect()      ─┐
        return True           ─┘❸
    except (OperationalError, InternalError) as e:
        print(e)
        print("database does not exist")
        return False


def create_database():
    if not database_exists():      ❷
        # demoデータベースが存在しなければ作成
        root = create_engine(DB_URL, echo=True)      ─┐
        with root.connect() as conn:                  │
            conn.execute(text("CREATE DATABASE demo"))│❹
        print("created database")                    ─┘
```

```
    # DBモデルをもとにテーブルを作成
    Base.metadata.create_all(bind=engine)  ─┐
    print("created tables")                ─┴ ❺


if __name__ == "__main__":
    create_database()  ❶
```


上記のスクリプトは少々複雑ですが、大きな流れを解説します。

このスクリプトでは、create_database()を実行します（リスト15.8❶）。create_database()関数内では、まずデータベースdemoの存在を確認するため、database_exists()を実行します（リスト15.8❷）。

database_exists()関数内では、demoデータベースのURL（DEMO_DB_URL）をもとに作成したデータベースエンジンに対し、接続を試みることでdemoデータベースの存在を確認します（リスト15.8❸）。demoデータベースが存在しない場合には、新たにデータベースを指定しないURL（DB_URL）に対し接続を行い、CREATE DATABASE demoクエリを実行することで、demoデータベースを作成します（リスト15.8❹）。これにより、demoデータベースの存在に対し冪等性が担保されます。

その後はapi/migrate_db.pyと同様Base.metadata.create_all(bind=engine)を実行することで、modelsで定義したDBモデルをもとにテーブルを作成します（リスト15.8❺）。このコマンドは既にテーブルが存在すれば無視されますので、テーブル定義に関する冪等性が担保されます。

uvicornの設定

entrypoint.shのuvicorn起動コマンドはリスト15.9のようになっていました。

▼リスト15.9：entrypoint.sh

シェルスクリプト

```
# uvicornのサーバーを立ち上げる
poetry run uvicorn api.main:app --host 0.0.0.0 --reload
```

ここでは、uvicornというASGIサーバーを利用してapi/main.py内に定義されたapp関数を起動しています。

メモ ASGIサーバー

ASGIサーバーというのは、クライアントからのHTTPリクエストを変換し、FastAPIを始めとしたWebフレームワークが扱いやすいフォーマットに変換してくれるWebサーバーです。イメージとしては、HTTPプロトコルをハンドルする部分はどんなWebフレームワークでも大抵同じなので、Webフレームワークをラップして共通化してくれる仕組みが用意されていると考えればわかりやすいかもしれません。

Pythonではこれまで WSGIと呼ばれるインターフェイス定義が主流でしたが、これを非同期処理に対応させた、WSGIの**精神的続編**（spiritual successor）であるASGIと呼ばれるインターフェイス定義に従っています。FastAPIやDjangoなど、一部のPythonフレームワークがASGIに対応しています（図15.2）。

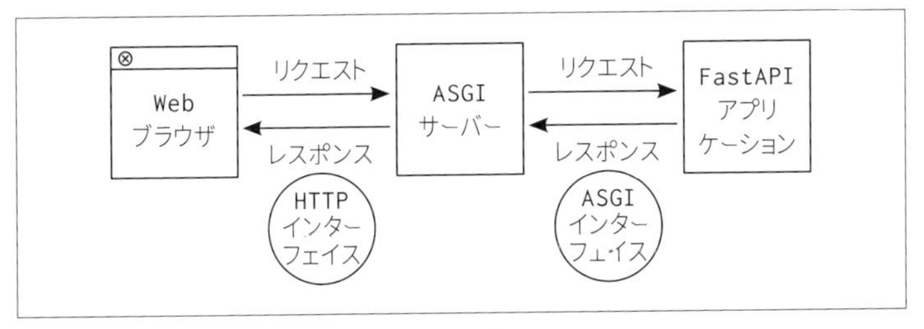

▲図15.2：ASGIサーバーの動作イメージ

上記のuvicorn起動コマンドでは、ホットリロードを有効にするため--reloadオプションを指定しています。

このオプションが指定されると、routers/task.pyなどのファイルを編集した後保存すると、すぐにファイルの変更をキャッチし、即座に新しいコードでAPIがリクエストを受けられるようになります。

reloadの仕組みはローカル環境でコードを書きながらデバッグする際にはとても便利ですが、クラウドプラットフォームで動かすためにはあらかじめ作成したDockerイメージを起動するため、起動中にAPIを構成するプログラムを変更することは基本的にはありません。

基本的、と言ったのは、ローカルと同様に起動中にプログラムを変更する仕組みを無理やり作ることは可能ですが、セキュリティリスクや更新の手間などの観点から通常そのような方法を取ることはないからです。

クラウド環境に対応させるためにこのオプションを外してしまいましょう。

entrypoint.shを以下のように変更します（リスト15.10）。

▼リスト15.10：entrypoint.sh

シェルスクリプト

```
# uvicornのサーバーを立ち上げる
-poetry run uvicorn api.main:app --host 0.0.0.0 --reload
+poetry run uvicorn api.main:app --host 0.0.0.0
```

CORS

ReactやVue.jsに代表されるフロントエンドフレームワークからクラウド環境のAPIにアクセスする際に、注意しなければいけないのがCORS（オリジン間リソース共有）です。

通常ブラウザからのアクセスは同一オリジンポリシー（Same-Origin Policy）により、同じオリジン（ホスト・ポート・スキームすべてが同じURL）へのアクセスのみを許可するように制御されています。同一オリジンポリシーによって、悪意ある人物のサイトへのアクセスなどにより、別オリジンに対して重要な情報を取得したり変更したりするのを防ぐことができ、セキュリティ面で重要な意味を果たしています。CORSは、この同一オリジンポリシーを緩和し、追加のオリジンからのアクセスを明示的に許可する仕組みです。

本書では、ドメインAにデプロイされたフロントエンドアプリケーションから、ドメインBにデプロイされたFastAPIアプリケーションへアクセスするようなユースケースを想定しています。

▼リスト15.11：api/main.py

Python

```
 from fastapi import FastAPI
+from fastapi.middleware.cors import CORSMiddleware

 from api.routers import task, done

 app = FastAPI()
 app.include_router(task.router)
```

```
 app.include_router(done.router)
+app.add_middleware(
+    CORSMiddleware,
+    allow_origins=["*"],
+    allow_credentials=True,
+    allow_methods=["*"],
+    allow_headers=["*"]
+)
```


api/main.pyをリスト15.11のように変更します。

allow_originsで["*"]を指定することにより、APIはすべてのオリジンからのアクセスを受け入れるよ、とブラウザに通知することになります。

APIやフロントエンドアプリケーションの開発中はCORSが原因でフロントエンドアプリケーションからFastAPIアプリケーションへの疎通が取れないことがあるため、開発環境では上記のような設定でCORSエラーを回避することができます。しかし、重要なデータを扱う本番環境では、必ずFastAPIアプリケーションがアクセスを受け入れるフロントエンドアプリケーションのオリジンを明示的に指定するようにしましょう。例えば、https://example.comからと、開発やデバッグのためにhttp://localhost:3000のアクセスのみを受け入れる際には、allow_origins=["https://example.com", "http://localhost:3000"]のように指定します。

以上でクラウドプラットフォーム上にデプロイを行うための準備は完了です。

次章では、まずAWS上でのデプロイを行います。GCPを利用されている方は次章を飛ばして第17章をお読みください。

P04 まとめ

第15章では以下のことを解説しました。

- クラウドプラットフォームの概要
- クラウドプラットフォーム上で利用するサービス
- デプロイ前のコンテナの準備

Chapter16

クラウドプラットフォームへのデプロイ：AWS編

本章では、前章で準備したコンテナイメージを利用してAWSへのデプロイを行います。GCPを利用の方は次章にお進みください。

P01 AWSへのデプロイの概要

AWSへのデプロイの概要と本章の構成について説明します。

前章の表15.1のAWSとGCPの比較表にも記載しましたが、AWSにデプロイする際に主に利用するサービスは以下のとおりです。

- AWS App Runner
  - マネージド型のコンテナ実行環境
- Amazon ECR（Elastic Container Registry）
  - コンテナイメージを管理できるマネージド型コンテナレジストリ
- Amazon RDS
  - マネージド型のリレーショナルデータベースサービス

それぞれのサービスの詳細についてはこの後、サービスを設定する際に順次説明します。本章では、以下のステップで説明していきます。

既にAWSアカウントの設定が済んでいる方は、本章4節の「データベースの準備：RDSにMySQLサービスの作成」に進んでください。

- AWSアカウントの作成
- AWSアカウントの初期設定
- データベースの準備：RDSにMySQLサービスの作成
- コンテナイメージをアップロード：ECRの利用
- コンテナの起動：App Runnerの設定と起動

なお、本章のAWSコンソールの画面については本書執筆時の情報であり、今後のアップデートにより大きく変更になる可能性があることにご注意ください。

P02 AWSアカウントの作成

AWSアカウントの作成方法について解説します。

最初にAWSアカウントを作成します。既に持っている人は読み飛ばしてください。

AWSのアカウント作成のページにアクセスします。

参考：AWSアカウント作成の流れ
URL https://aws.amazon.com/jp/register-flow/

上記のページに詳細な入力方法が載っているので手順に従えばOKですが、以下に注意が必要なページの紹介をします（図16.1）。

▲図16.1：メールアドレスの入力

最初の「ルートユーザーのEメールアドレス」には、管理に必要なメールアドレスを入力します（図16.1❶）。

個人で利用する場合は自分のメールアドレスで問題ありませんが、会社など複数人で利用する場合は、メーリングリストなどのアドレスを登録することが推奨されています。

またこの後のアカウントの初期設定でも紹介しますが、ルートユーザーは権限が強すぎるため、普段のAWSの利用では使わず、権限を絞ったユーザーをこの後作成します。

また、「AWSアカウント名」も同様に、複数人で利用する場合は組織を代表する名称にしておきます（図16.1❷）。

メモ　AWSアカウントとユーザーの違い

ややこしいことに、AWSの世界では「アカウント」と「ユーザー」というのは別の意味を持ちます。

「アカウント」はAWSサービスを管理する単位です。クラウドプラットフォームの「環境」と言い換えても良いでしょう。1つの組織の中に複数アカウントを持つことができ、会社だと部署ごとに区切られたアカウントや、本番環境・開発環境でアカウントを分けるといった使い方が考えられます。ここで作成するのは「管理アカウント」で、親アカウントと考えられます。管理アカウントにログインした状態で、子アカウントである「メンバーアカウント」を作成できます。

一方で、「ユーザー」とはそのアカウントにアクセスすることができるユーザーで、実際には同じアカウントを共有する人ごとに割り当てます。アカウントに存在するAWSサービスへのアクセス権限を管理する単位となります。

アカウント作成時に作成されるのが「ルートユーザー」で、個々のユーザーとしては「IAMユーザー」を割り当てます（図16.2）。

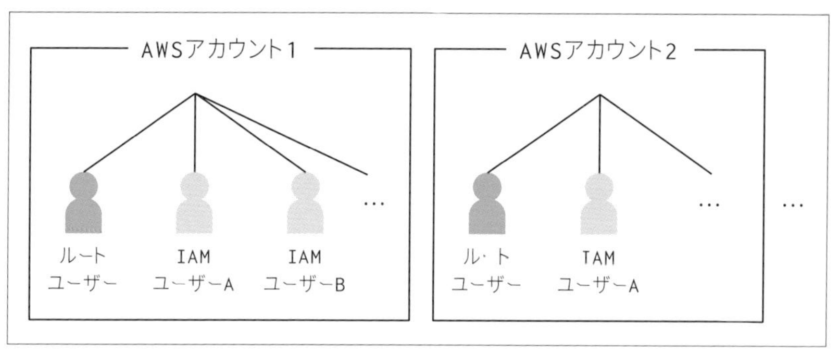

▲図16.2：AWSアカウントの下にルートユーザーとIAMユーザーがぶら下がっている

その後、「Eメールアドレスを検証」をクリックして（図16.1❸）メールアドレスの検証および、ルートユーザー用の強力なパスワードを設定します。

個人でも複数アカウントを扱う「組織」を利用することは可能です。連絡先情報の部分ではビジネス利用か個人の利用か、実態に合った方を選べば問題ありません。

また、住所、連絡先は英数字で入力します（図16.3❶❷）。

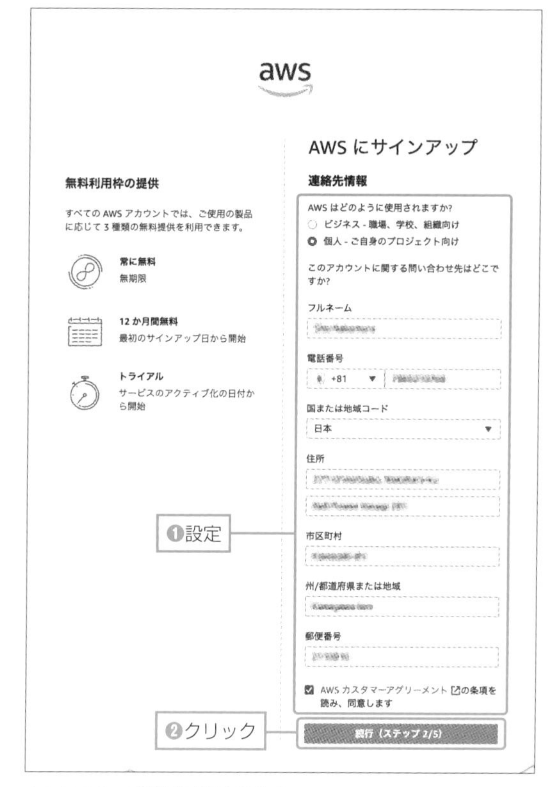

▲図16.3：連絡先情報の入力

次に、請求情報を入力します（図16.4❶❷）。

AWSアカウントの作成には無料枠内の利用であっても有効なクレジットカードが必要になります。

本書では実務でも利用できるような実用的なアプリケーションのデプロイを目標としているため、一部のAWSサービスの利用に料金が発生します。テストや開発のために利用する際には請求情報に注意し、利用していない間はインスタンスを停止・削除するようご注意ください（AWS App Runnerは2023年1月現在無料枠の対象外）。

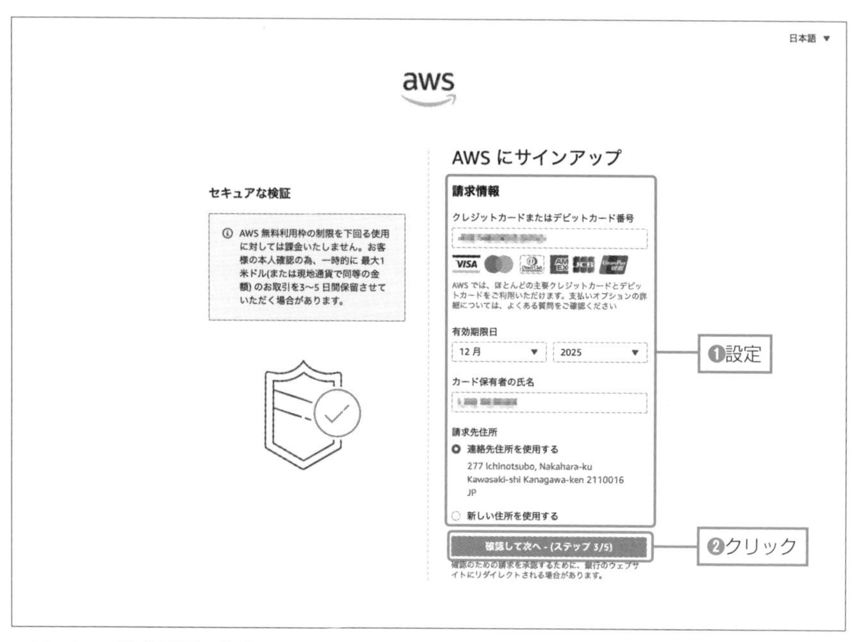

▲図16.4：請求情報の入力

その後、SMSあるいは通話による本人認証を経て、アカウント作成が完了です。

初回のログインは図16.5❶～❸、図16.6❶❷のように、最初に設定したルートユーザーのメールアドレスとパスワードで行います。

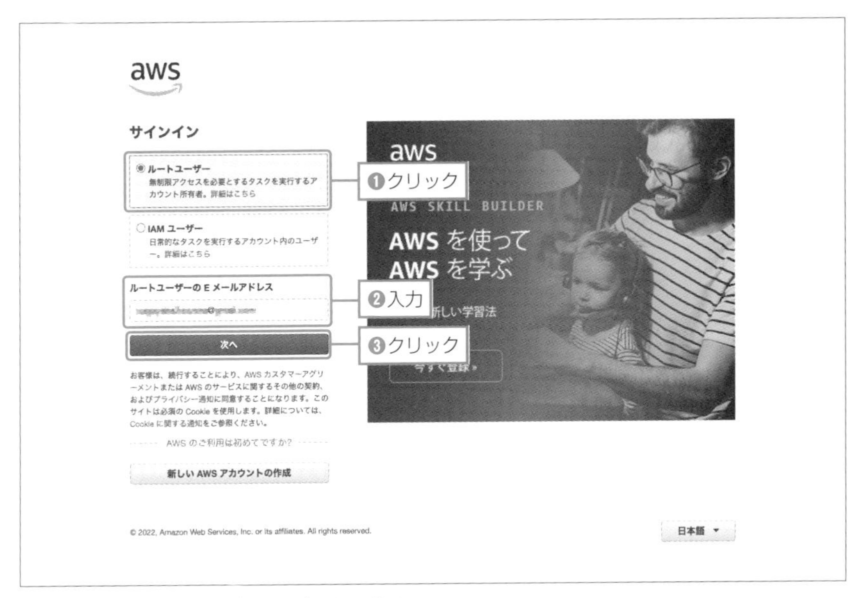

▲図16.5：ルートユーザーでの初回ログイン

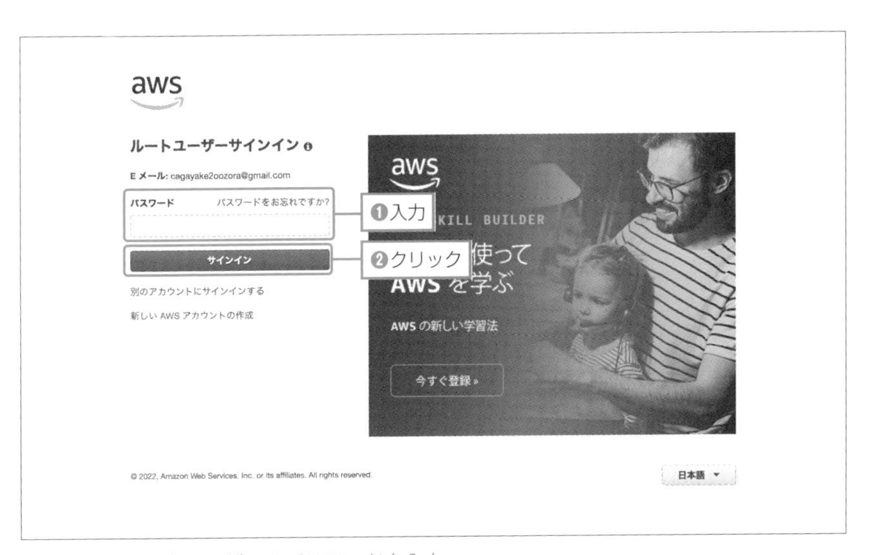

▲図16.6：ルートユーザーのパスワードを入力

もしお使いのOSの設定が英語などの理由でログイン後のコンソールが英語表示のようでしたら、画面下のLanguageから日本語に変更できます（図16.7）。

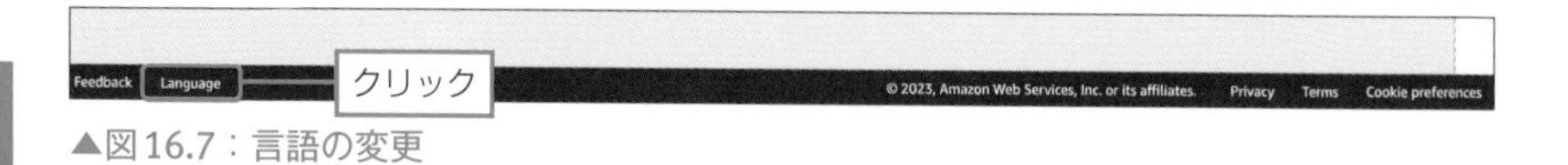

▲図16.7：言語の変更

03 AWSアカウントの初期設定

サービスの設定を開始する前に、作成したアカウントに関連する初期設定を行います。

ルートユーザーのMFAの設定

セキュリティのためルートユーザーにはMFA（Multi-Factor Authentication、多要素認証）を設定することがすすめられていますので、忘れないうちにこのタイミングで設定しておきましょう。

コンソール上部の「検索」より「iam」と検索し、「IAM」を選択します（図16.8）。

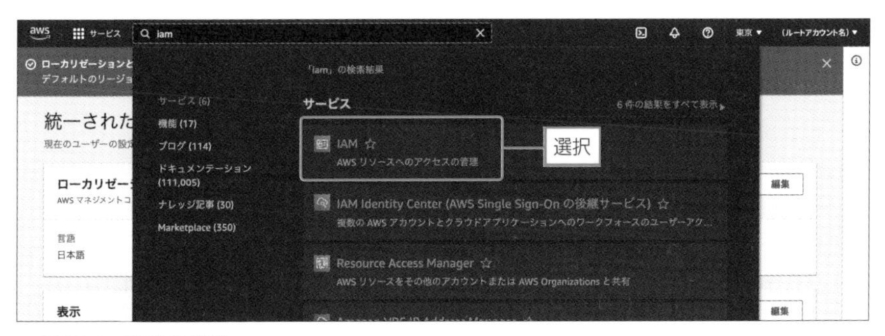

▲図16.8：IAMを検索

図16.9の画面のように、ルートユーザーにMFAが設定されていないことが警告されています。「MFAを追加」をクリックします。

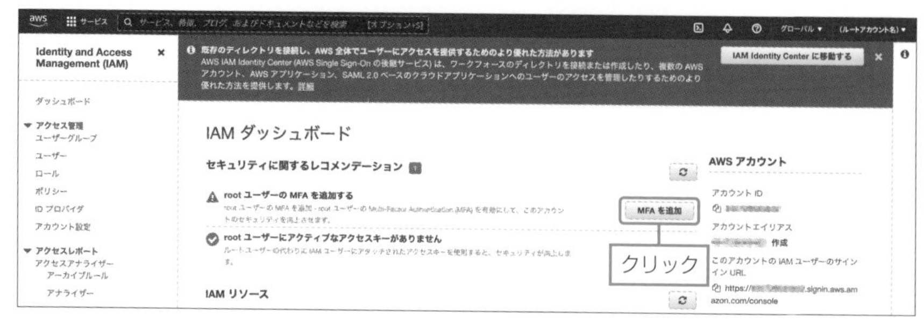

▲図16.9：「MFAを追加」をクリック

次の画面でも「MFAデバイスの割り当て」をクリックします（図16.10）。

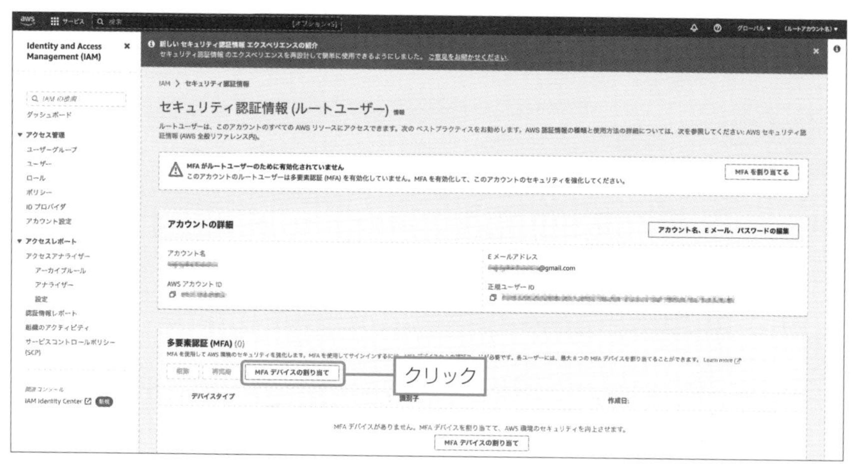

▲図16.10：「MFAデバイスの割り当て」をクリック

「デバイス名」には後で判別できる任意の名前を設定し、「認証アプリケーション」を選択して、「次へ」をクリックします（図16.11❶❷）。

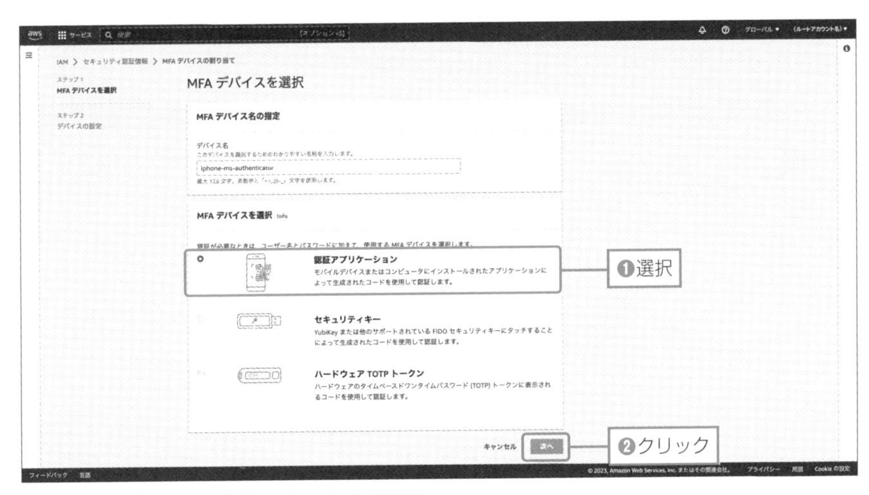

▲図16.11：「認証アプリケーション」を選択

AWSでMFAを設定するためには、お使いのPCあるいはスマートフォン（iOS/Android）にMFA認証アプリをインストールする必要があります。ログインのたびにここで登録したアプリを起動して認証することになります。

銀行のワンタイムパスワードカードなどでお馴染みの、タイムベースワンタイムパスワードと呼ばれる時刻ベースのワンタイムパスワードの方式（RFC6238）であればどのアプリでも利用可能ですが、AWSのサイトに主要な対応するアプリ一覧が掲載されています。

参考：認証システムアプリケーション
URL https://docs.aws.amazon.com/ja_jp/singlesignon/latest/userguide/mfa-types-apps.html

中でも有名なものでは、「Google Authenticator」や「Microsoft Authenticator」はスマートフォンのiOS/Androidの両方に対応しており、無料で利用できます。それぞれのストアから検索してインストールします。

「QRコードを表示」をクリックし表示されたQRコードをMFA認証アプリでスキャンします。

スキャンが完了すると、6桁の数字が表示されます。時間が経過すると新しい数字に変わります。どのタイミングでも構いませんので、連続する2つのコードを順にMFAコード1、MFAコード2の欄に入力します（図16.12❶）。

「MFAを追加」をクリックします（図16.12❷）。以上でルートユーザーに対するワンタイムパスワードの設定は完了です。

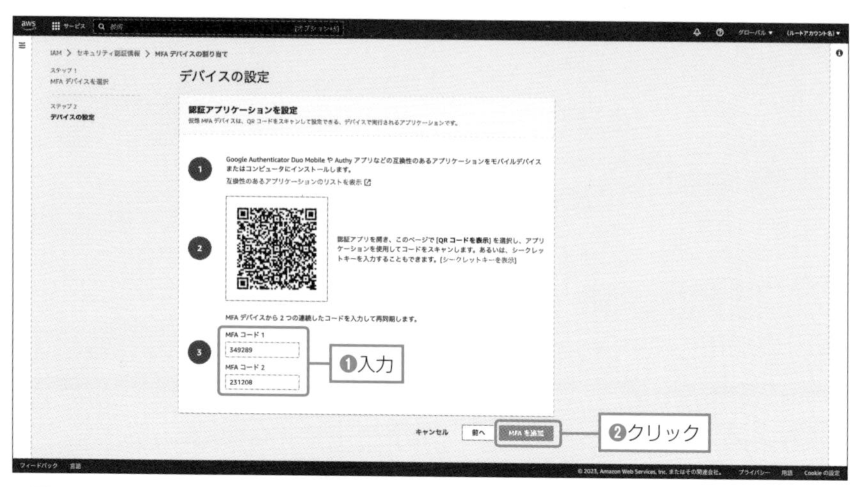

▲図16.12：MFA認証アプリから取得したコードの入力

IAMユーザーの作成

前節の「AWSアカウントの作成」でも説明しましたが、AWSではルートユーザーは基本的には使用せず、IAMユーザーでのアクセスが推奨されています。ここでその普段使いのIAMユーザーを作成しましょう。

IAMではサービスごとにきめ細かな権限設定を行うことができますが、ここではまずAWSサービスを横断して設定が必要なので、広くアクセス権限を持った管理者用のIAMユーザーを作成します。

先ほども利用した「IAM」のページに移動し、左側の「アクセス管理」のメニューより「ユーザー」を選択し、「ユーザーを追加」をクリックします（図16.13）。

「ユーザー名」はログイン時に入力するユーザー名となります。SNSで利用しているアカウント名や、複数人での利用の場合はメールアドレスに利用しているアカウント名などを設定するとよいでしょう。

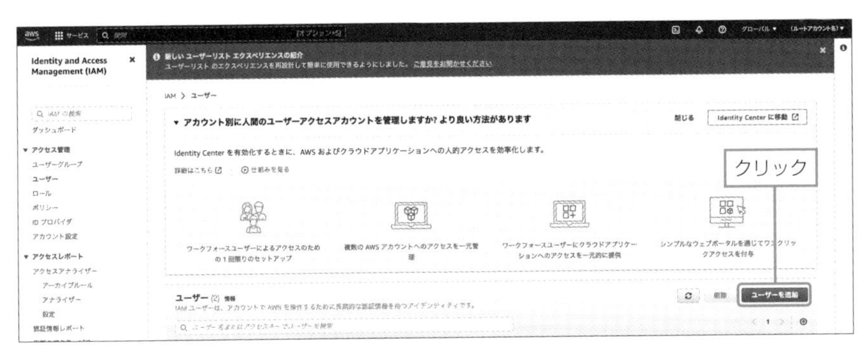

▲図16.13：IAMの「ユーザー」画面

次に、「AWSマネジメントコンソールへのユーザーアクセスを提供する - オプション」を選択し、現れた画面から「IAMユーザーを作成します」を選択します（図16.14❶）。

さらに、「カスタムパスワード」にログイン時に使用したいパスワードを入力します。また、今回は自分自身で使用するIAMユーザーですので、上記のパスワードをそのまま利用するために、「ユーザーは次回のサインイン時に新しいパスワードを作成する必要があります (推奨)。」のチェックボックスを外します。設定したら「次へ」をクリックします（図16.14❷）。

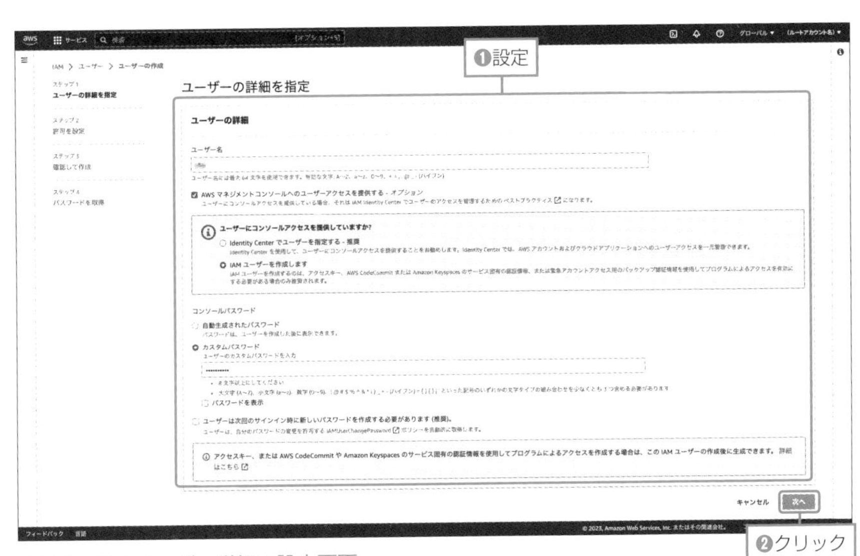

▲図16.14：ユーザー詳細の設定画面

次に、権限を設定するために作成するユーザーをグループに追加します。「許可のオプション」から「ユーザーをグループに追加」を選択し、「グループを作成」をクリックします（図16.15❶❷）。

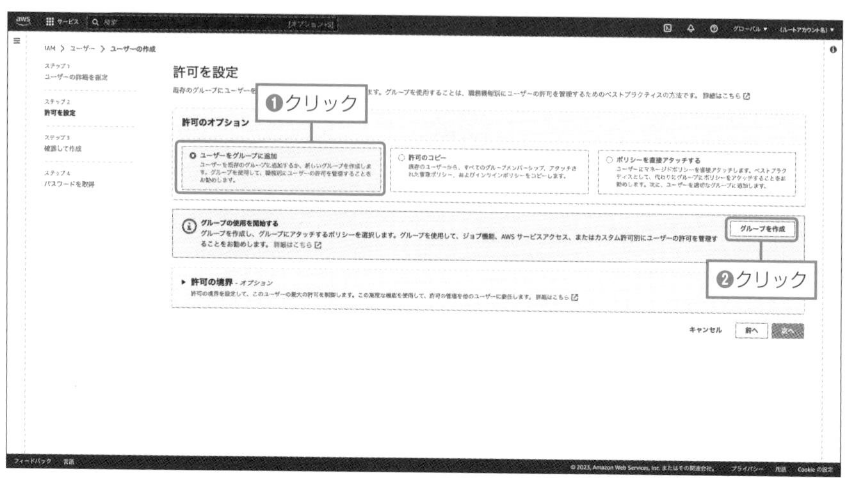

▲図16.15：「グループを作成」をクリック

ポリシーの中から、「AdministratorAccess」を選択し（図16.16❶）、グループ名を付けます。ここでは、管理者用グループなので、「admin」としています（図16.16❷）。「ユーザーグループを作成」をクリックします（図16.16❸）。

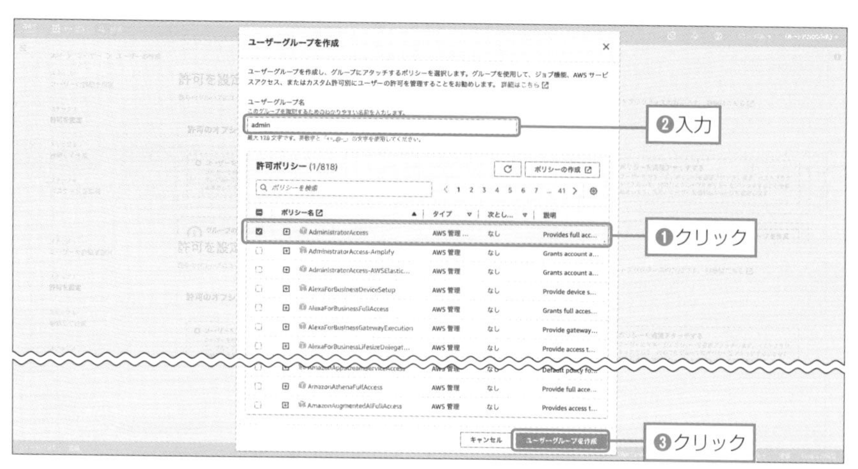

▲図16.16：「AdministratorAccess」の選択

次の画面で「AdministratorAccess」ポリシーがアタッチされた「admin」グループが作成されたのが確認できます。「admin」グループの横にチェックを入れ、「次へ」をクリックします。

確認画面が図16.17のようになっていることを確認し、「ユーザーの作成」をクリックします（図16.17❶❷）。

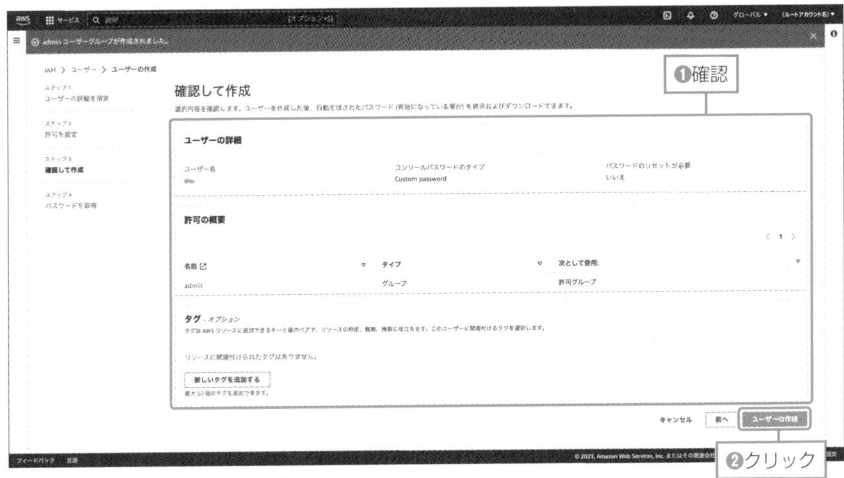

▲図16.17：「ユーザーの作成」の確認画面

完了画面が表示されます。

画面上部に表示されている「https://{AWSアカウントID}.signin.aws.amazon.com/console」からIAMユーザーでサインインできますので、試してみましょう（図16.18）。

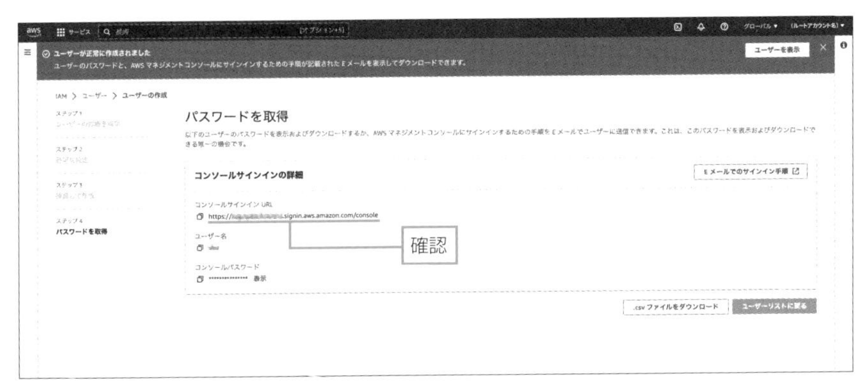

▲図16.18：「ユーザーを追加」の完了画面

図16.19のようにアカウントIDが埋まった状態でサインイン画面に遷移します。先ほど設定した、IAMユーザーの「ユーザー名」と「パスワード」を入力して、コンソール画面にサインインできれば成功です（図16.19❶❷）。

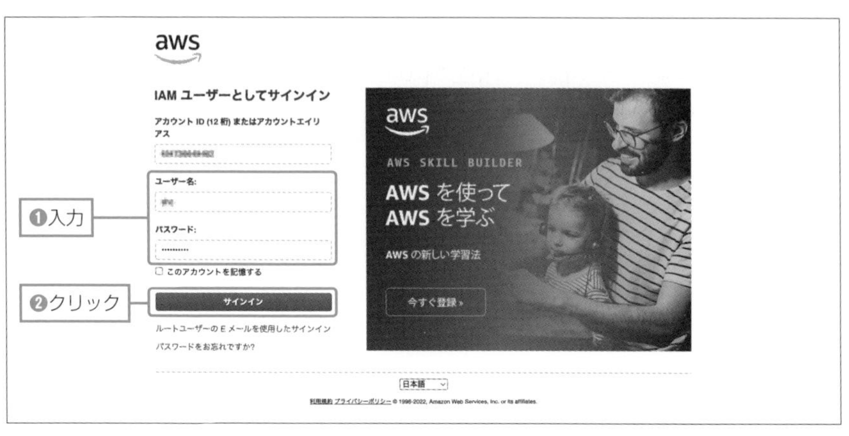

▲図16.19：IAMユーザーでのサインイン画面

ログインが無事できれば、コンソール画面の右上が「{IAMユーザー名}@{アカウントID}」となっているのが確認できます（図16.20）。

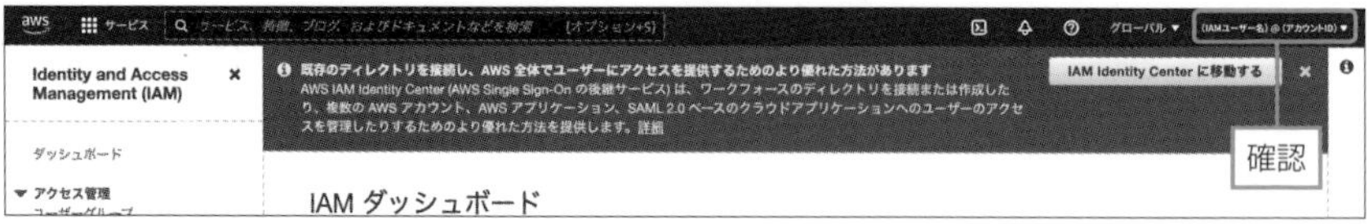

▲図16.20：サインインの確認

以後はこのIAMユーザーでAWSコンソールの操作を行いますので、最初のルートユーザーでのメールアドレスでのログインは行いません。間違えないように注意しましょう。

IAMユーザーのMFAの設定

先ほどの「ルートユーザーのMFAの設定」では、ルートユーザーのMFAを設定しました。今度はログインしているIAMユーザーでもMFAを設定しておきましょう。

IAMユーザーでログイン中に、IAMダッシュボードの上部に「MFAを自分用に追加」することがレコメンデーションされています。「MFAを追加」をクリックします（図16.21）。

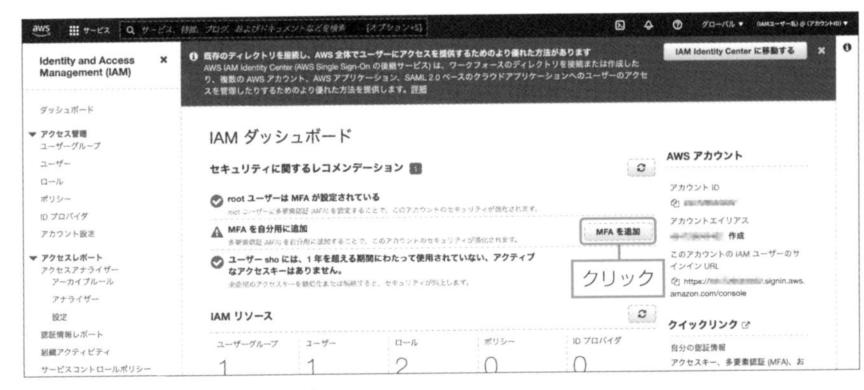

▲図16.21：「MFAを追加」を選択

「セキュリティ認証情報」のページから、「AWS IAM 認証情報」のタブが選択されていることを確認します。「多要素認証（MFA）」のセクションから「MFAデバイスの割り当て」をクリックします（図16.22❶❷）。

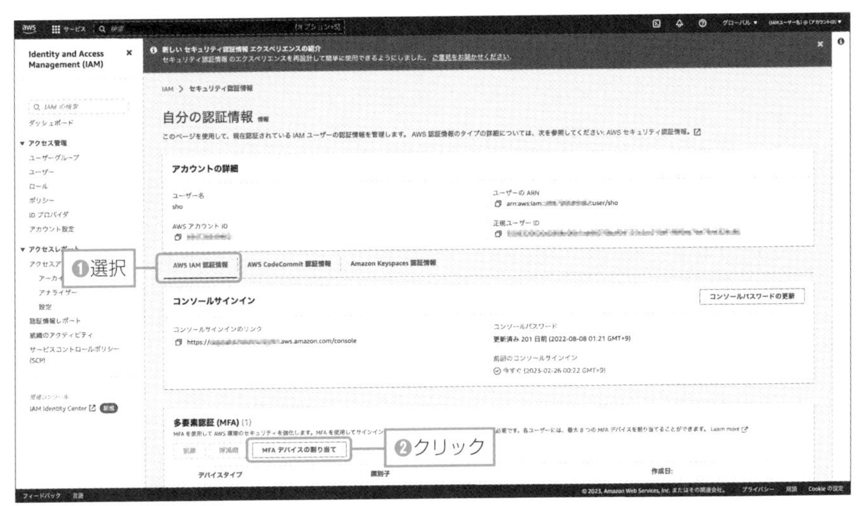

▲図16.22：「MFAデバイスの割り当て」を選択

「ルートユーザーのMFAの設定」のときと同様、MFA認証アプリを設定します。このときに設定した認証情報はルートユーザーのものと異なりますので、アプリには2つの認証情報が設定されたことになります（図16.23）。2者を混同しないように、ログインの際には注意しましょう。

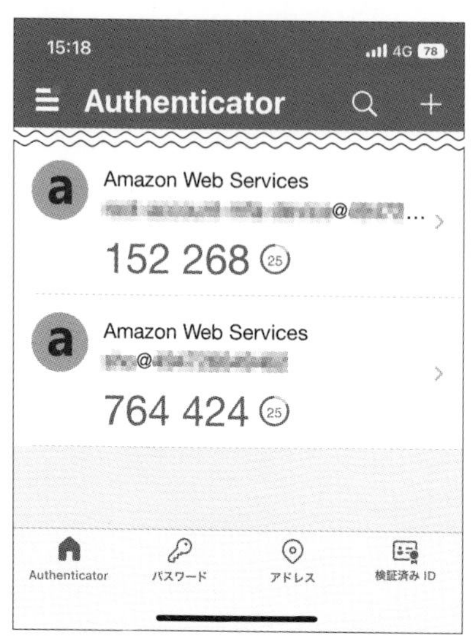

▲図16.23：アプリには2つの認証情報が設定されている

アカウントエイリアスの作成

AWSアカウントには「アカウントID」が割り当てられますが、これは12桁の数字で表されます。ログイン画面でアカウントIDがわからなくなった際に数字だと不便ですので、「アカウントエイリアス」として任意の英数字を設定しておくと便利です。

再び「IAMダッシュボード」に戻り、画面右端の「アカウントエイリアス」から「作成」をクリックします（図16.24）。

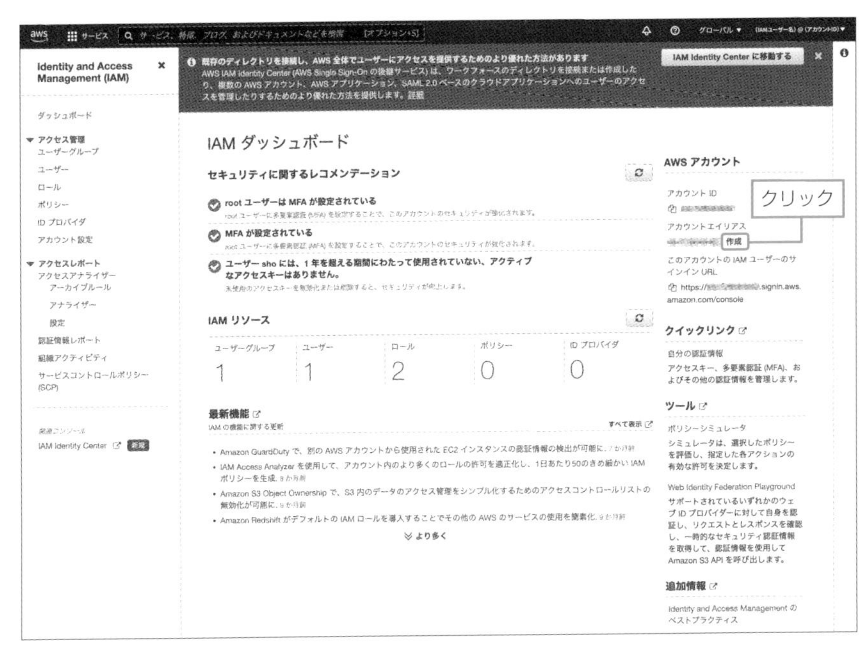

▲図16.24：「アカウントエイリアス」から「作成」をクリック

ここで指定した名前がサインインリンクとしても利用されます（図16.25❶❷）。

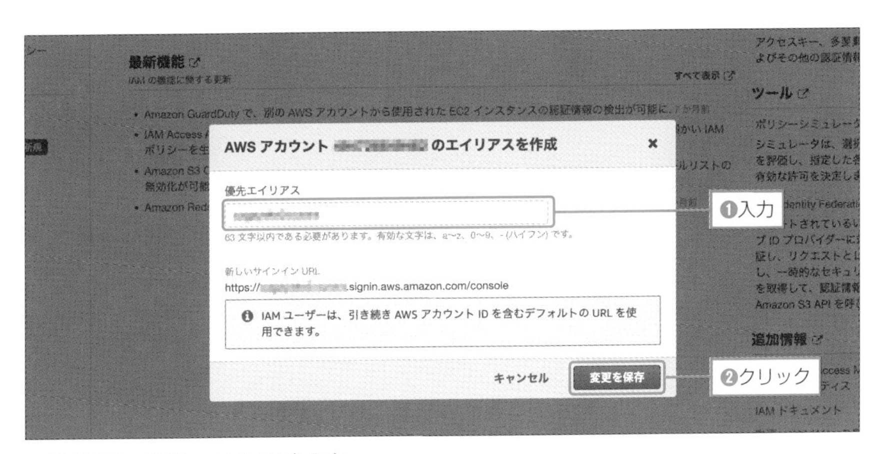

▲図16.25：優先エイリアスを入力

ここまでで、アカウントの初期設定は完了です。

P04 データベースの準備：RDSにMySQLサービスの作成

アカウントの設定が完了したら、RDSを使ってデータベースを作成していきましょう。

ここでは、RDSにMySQLデータベースを作成していきます。

IAMユーザーでログインした状態で、AWSコンソール上部から「rds」と検索し（図16.26❶）、「RDS」サービスを選択します（図16.26❷）。

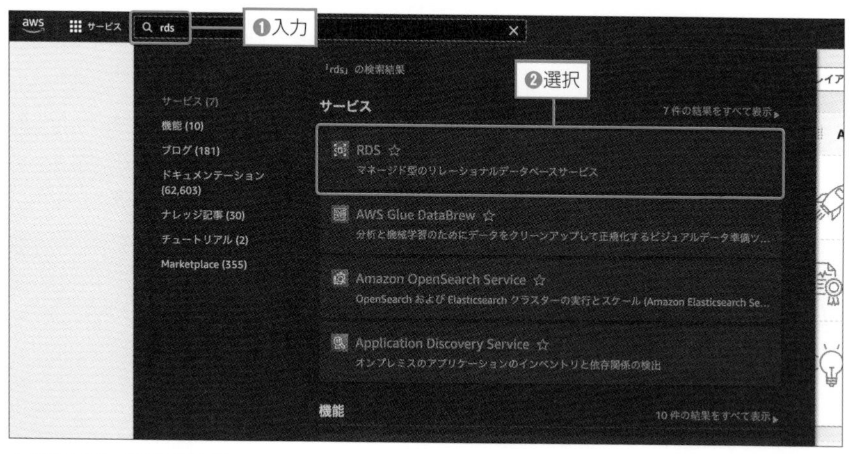

▲図16.26：RDSを検索

RDSはAWSのリージョン（データセンターの場所）に依存しますので、リージョンが「東京」となっていない場合は、AWSコンソール右上から「アジアパシフィック（東京）ap-northeast-1」を選択します（図16.27❶❷）。

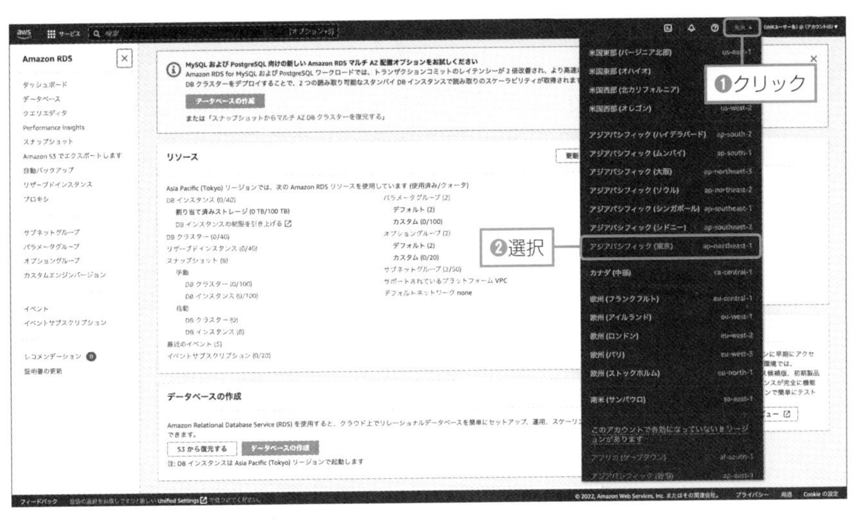

▲図16.27：リージョンの選択

RDSのダッシュボードから、画面中央の「データベースの作成」をクリックします（図16.28）。

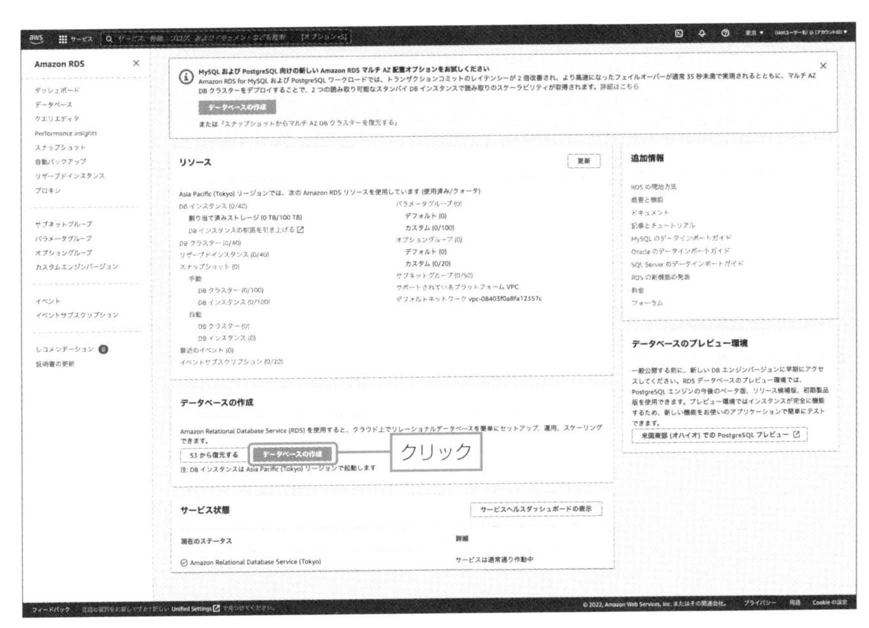

▲図16.28：「データベースの作成」をクリック

右の画面のように設定を行っていきます（図16.29❶）。

「データベース作成方法を選択」では「簡単に作成」を選択します。

「設定」セクションでは、以下のように設定します。

- エンジンのタイプ
    - 「MySQL」
- DBインスタンスサイズ
    - 無料利用枠
- DBインスタンス識別子
    - 任意の名前
    - ここでは、"mydatabase" とします
- マスターユーザー名
    - admin
- パスワードの自動生成
    - チェックを入れる

最後に、画面下の「データベースの作成」をクリックします（図16.29❷）。

▲図16.29：「データベースの作成」の入力画面

RDSダッシュボードから、左のメニューのうち、「データベース」を選択します（図16.30❶）。

▲図16.30：「データベース」を選択

作成には数分程度時間がかかります。ステータスが「作成中」から「利用可能」に変わればデータベースの作成は成功です。

マスターユーザーのパスワードの自動生成を選択した場合、認証情報がこの画面の上部「接続の詳細の表示」から取得可能です（図16.30❷）。**パスワードはこの画面でしか取得できませんので、忘れずに必ず手元に控えておきます。**

エンドポイントの情報は後からでも参照可能ですが、AWS App Runnerのデプロイ時に利用するのでこのタイミングで同時に控えておきましょう（図16.31）。なお、エンドポイント情報は「利用可能」にステータスが変更されるまで表示されませんので気を付けましょう。

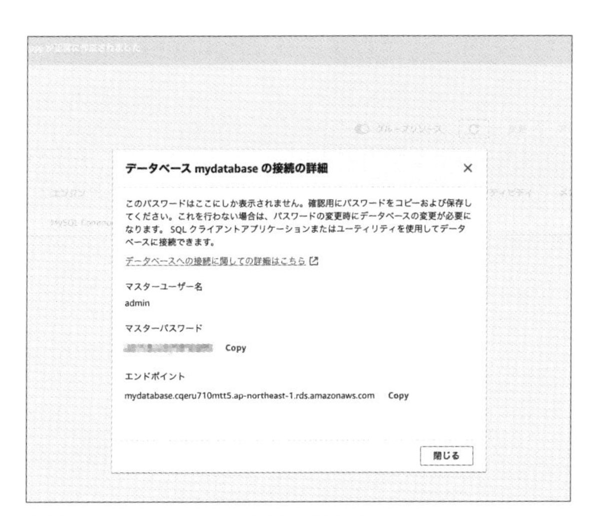

▲図16.31：マスターパスワードの確認

05 コンテナイメージをアップロード：ECRの利用

次に、Dockerのコンテナイメージをアップロードしていきましょう

イメージリポジトリの作成

IAMユーザーでログインした状態で、AWSコンソール上部から、「registry」と入力し（図16.32❶）、「Elastic Container Registry」を選択します（図16.32❷）。初めての利用の場合は「使用開始」をクリックします。

Elastic Container Registry（ECR）も、RDSと同様AWSのリージョン（データセンターの場所）に依存しますので、リージョンが「東京」となっていない場合は、AWSコンソール右上から「アジアパシフィック（東京）ap-northeast-1」を選択しておきます。

▲図16.32：Elastic Container Registryを検索

ECRのダッシュボードで、「リポジトリを作成」をクリックします（図16.33）。

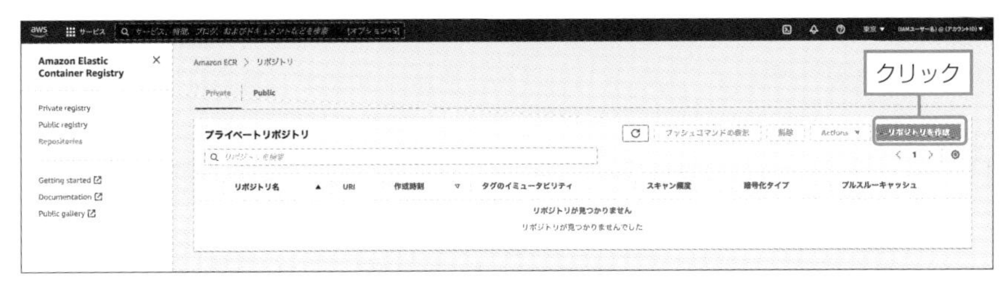

▲図16.33：「リポジトリを作成」を選択

リポジトリの設定を行います（図16.34❶）。

「可視性設定」では「プライベート」を選択します。

「リポジトリ名」では、任意のリポジトリ名を設定します。ここでは、"demo-app"としておきます。

その他の項目はデフォルト設定のまま、「リポジトリを作成」をクリックします（図16.34❷）。

▲図16.34：「リポジトリを作成」の入力画面

正常に作成されると、ECRのダッシュボードの「プライベートリポジトリ」の一覧に、先ほど入力したリポジトリ名が表示されます（図16.35）。

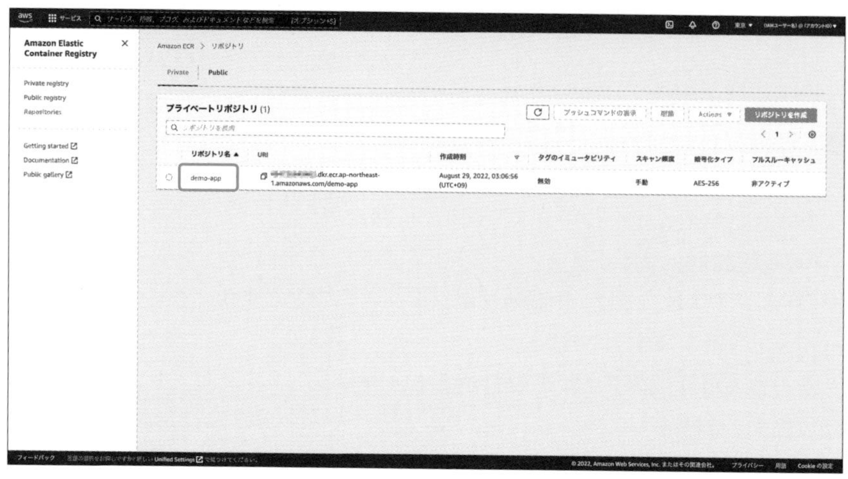

▲図16.35：作成したリポジトリの表示を確認

AWS CLIの準備

ECRへのDockerイメージのアップロードは、手元のCLIから行います。

先ほど作成したECRリポジトリにDockerイメージをアップロードするために、AWS CLIの設定をしていきます。

以下に最新バージョンのインストール方法が記載されています。

参考：AWS CLI の最新バージョンをインストールまたは更新します。
URL https://docs.aws.amazon.com/ja_jp/cli/latest/userguide/getting-started-install.html

MacでHomebrewを利用している場合はHomebrewでのインストールも可能です。

```shell
$ brew install awscli
```

AWS CLIを利用するためには、アクセスキーが必要となります。AWS CLIでのアクセス専用のIAMユーザーを作成しましょう。

IAMユーザー作成の前に、ECRの操作だけを可能にするためのIAMポリシーを作成します。

コンソールアクセスのためのIAMユーザーはフルアクセスを持つ強権ユーザーであり、パスワードだけでなくMFAによりセキュリティを担保していました。一方で、CLIでのアクセスの場合は、アクセスキーが万一漏れた場合に同様の権限を持っていると、あらゆるAWSリソースにアクセスが可能になるため悪用されるリスクが高くなってしまいます。

実際にアクセスキーが漏れたために悪用され、AWSで高額な請求が発生するといった報告が多数ありますので、CLIアクセス用の権限を最低限の利用に絞っておくことが重要です。そのための権限設定を行うのがIAMポリシーです。

コンソール上部の検索バーより「iam」と入力し、IAMダッシュボードに移動します。左のメニューから「アクセス管理」→「ポリシー」をクリックします。

ポリシーの一覧より、「ポリシーを作成」をクリックすると、「ポリシーの作成」画面になります。

▲図16.36：「ポリシーの作成」画面

上部のタブから「JSON」を選択し（図16.36）、リスト16.1の内容を入力します。ビジュアルエディタから同様のアクションやリソースを選択して入力することも可能です。ここでは、ECRの管理に必要なアクションだけが許可されるように記述されています。

▼リスト16.1：json

```json
{
    "Version": "2012-10-17",
    "Statement": [
        {
            "Sid": "VisualEditor0",
            "Effect": "Allow",
            "Action": [
                "ecr:GetRegistryPolicy",
                "ecr:CreateRepository",
                "ecr:DescribeRegistry",
                "ecr:DescribePullThroughCacheRules",
                "ecr:GetAuthorizationToken",
                "ecr:PutRegistryScanningConfiguration",
                "ecr:CreatePullThroughCacheRule",
                "ecr:DeletePullThroughCacheRule",
                "ecr:PutRegistryPolicy",
                "ecr:GetRegistryScanningConfiguration",
                "ecr:BatchImportUpstreamImage",
                "ecr:DeleteRegistryPolicy",
                "ecr:PutReplicationConfiguration"
            ],
            "Resource": "*"
        },
        {
            "Sid": "VisualEditor1",
            "Effect": "Allow",
            "Action": "ecr:*",
            "Resource": "arn:aws:ecr:ap-northeast-1:⏎
{AWSのアカウントID}:repository/demo-app"
        }
    ]
}
```

2つ目の"Sid": "VisualEditor1"となっているオブジェクトのResource名の中盤に、自身のAWSのアカウントID（12桁の数字、ハイフンなし）を入力する必要があります。アカウントIDはAWSコンソール右上のプルダウンから確認できます（図16.37）。

また、リポジトリ名をもし"demo-app"と異なるものにしている場合、こちらも変更が必要です。

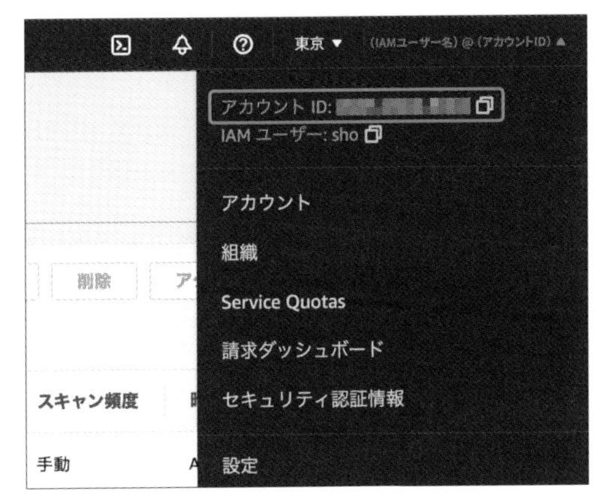

▲図16.37：アカウントIDの確認

「次のステップ: タグ」をクリック、次の画面では「次のステップ: 確認」をクリックし、「ポリシーの確認」の画面でポリシーの名前を入力します。ここでは、「demoappEcrAdminPolicy」と入力します（図16.38）。

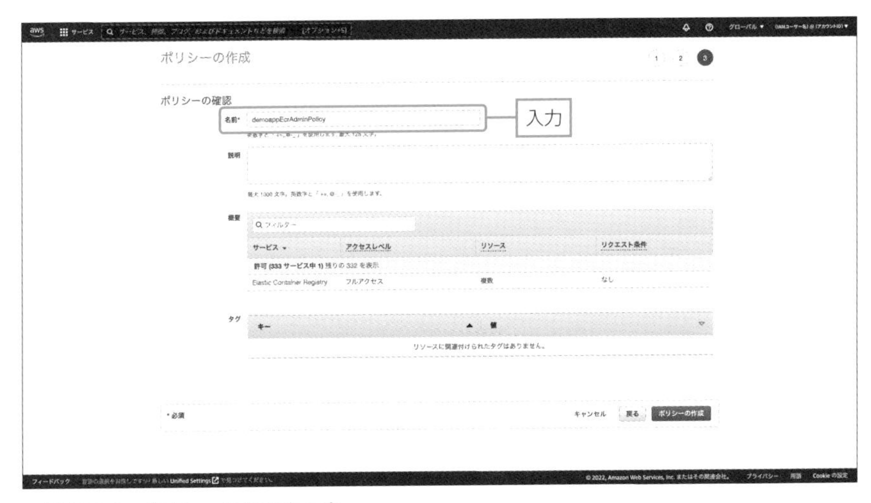

▲図16.38：ポリシーの名前を入力

ポリシーの作成が完了したら、次にこのポリシーをアタッチした、AWS CLI用のIAMユーザーを作成します。

IAMダッシュボードに戻り、左メニューから、「アクセス管理」→「ユーザー」をクリックします。

次に、「ユーザーを追加」をクリックします。

本章3節「AWSアカウントの初期設定」の「IAMユーザーの作成」と同様に進めますが、今回はWebコンソールへのアクセスは不要なので、「AWSマネジメントコンソールへのユーザーアクセスを提供する - オプション」のチェックを外します（図16.39❶）。

「ユーザー名」には「aws-command」と入力します。

「次へ」をクリックします（図16.39❷）。

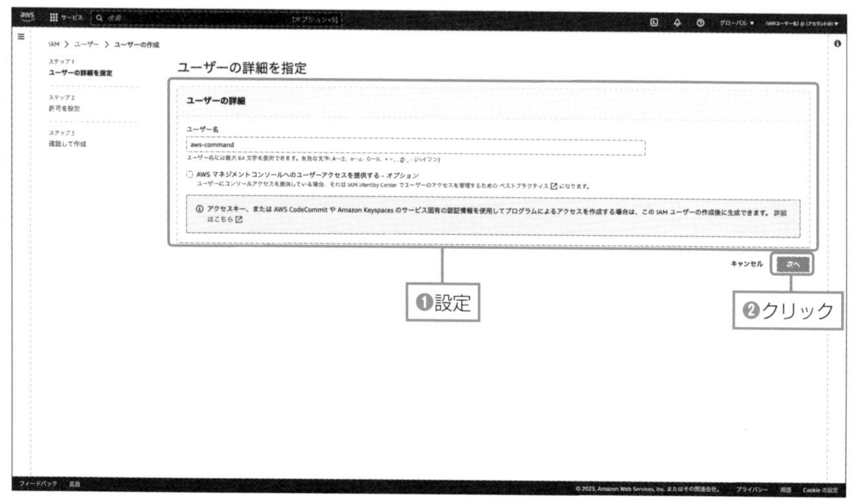

▲図16.39：「ユーザーの詳細を指定」の入力画面

「許可のオプション」セクションから、「ポリシーを直接アタッチする」をクリックします（図16.40❶）。

ポリシーの一覧画面上部にフィルタ入力する部分がありますので、「demoapp」と入力し、先ほど作成した「demoappEcrAdminPolicy」を選択します（図16.40❷❸）。

「次へ」をクリックします（図16.40❹）。

▲図16.40：「demoappEcrAdminPolicy」を選択

入力した内容が正しく表示されているか確認し、「ユーザーの作成」をクリックします（図16.41）。

▲図16.41：「ユーザーの作成」の確認画面

次に、「aws-command」ユーザーの権限でAWS CLIを使えるようにするために、アクセスキーを作成していきます。IAMダッシュボードの「ユーザー」画面に戻っていますので、先ほど作成した「aws-command」のリンクをクリックします。

次の画面で、「セキュリティ認証情報」のタブをクリックし（図16.42❶）、画面中盤の「アクセスキー」のセクションから、「アクセスキーを作成」をクリックします（図16.42❷）。

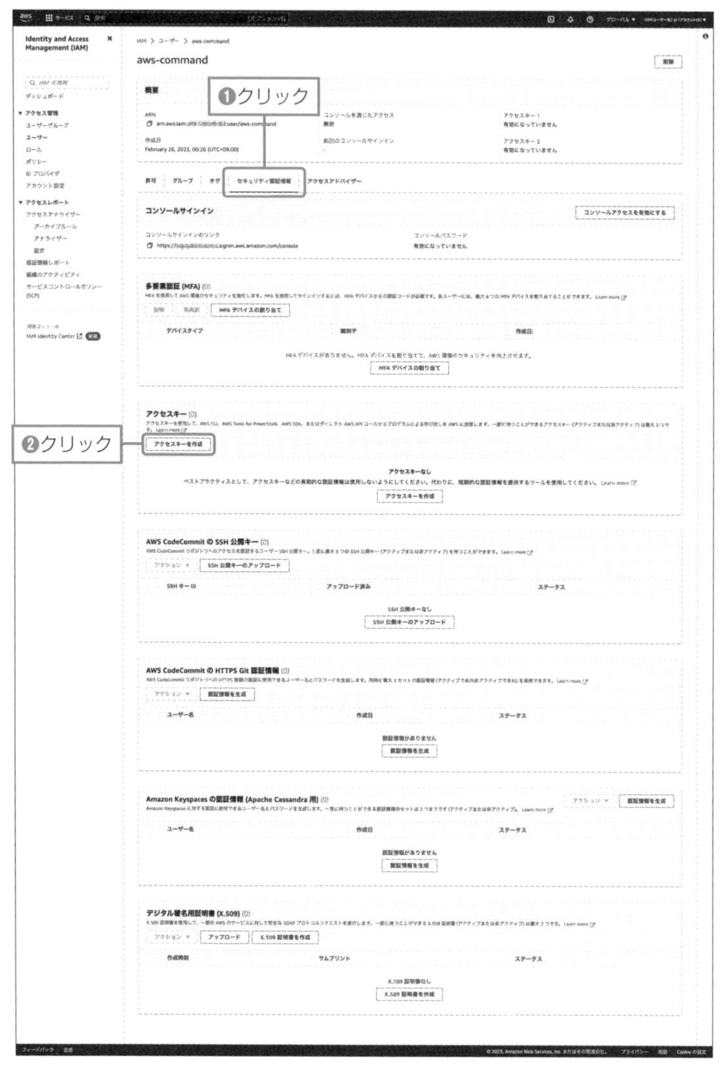

▲図16.42：「aws-command」ユーザーの画面から「アクセスキーを作成」をクリック

「主要なベストプラクティスと代替案にアクセスする」の画面から、「コマンドラインインターフェイス（CLI）」を選択し（図16.43❶）、「上記のレコメンデーションを理解し、アクセスキーを作成します。」にチェックを入れた状態で（図16.43❷）、「次へ」をクリックします（図16.43❸）。

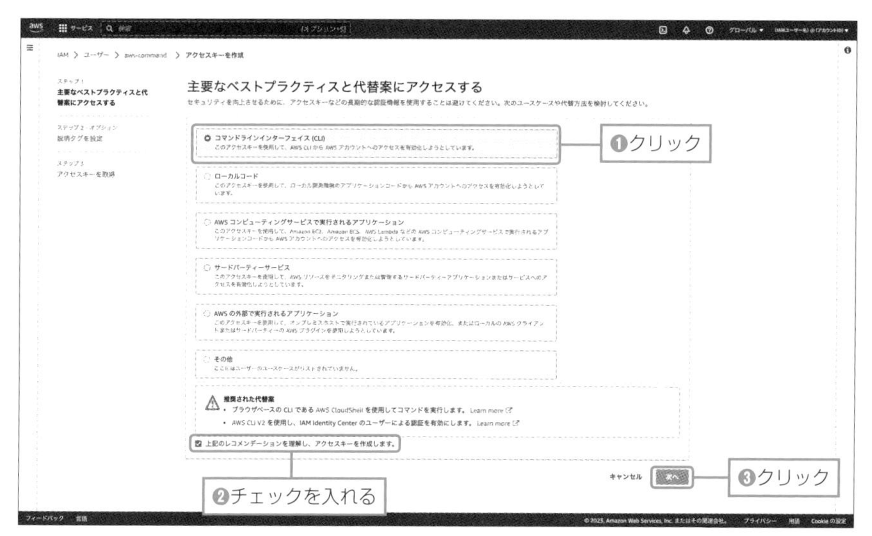

▲図16.43：「主要なベストプラクティスと代替案にアクセスする」の画面

「説明タグを設定 - オプション」のページでは、そのまま「アクセスキーを作成」をクリックします。

作成が完了されると、アクセスキーを取得できます。**アクセスキーはこの画面でしか取得できず、後から参照できないため必ずここで取得しておきます**（図16.44）。

CSVをダウンロードして保存しておくか、表示されている「アクセスキー」、「シークレットアクセスキー」の2つの情報を控えます。

▲図16.44：「アクセスキーID」と「シークレットアクセスキー」の確認

この情報を使って、AWS CLIを設定しましょう。

以下のコマンドを実行します。`--profile`には先ほどの"aws-command"ユーザーに対応する任意の名前を入力します。ここでは、"ecr-profile"としておきます。

```shell
$ aws configure --profile ecr-profile
```

次に、アクセスキーIDおよびシークレットアクセスキー、デフォルトリージョンなどが聞かれますので、以下のように図16.44で取得した値を入力します。

```shell
AWS Access Key ID [None]: {先ほど取得したアクセスキーID}
AWS Secret Access Key [None]: {シークレットアクセスキー}
Default region name [None]: ap-northeast-1
Default output format [None]: json
```

設定が完了したら、DockerでAWSへのログインを試みます。

shell

```
# profileの切り替え
$ export AWS_PROFILE=ecr-profile

# AWSにログイン
$ aws ecr get-login-password | docker login --username AWS ⏎
--password-stdin https://{AWSのアカウントID}.dkr.ecr.ap-northeast-1.⏎
amazonaws.com
```

Login Succeededと表示されれば成功です。

Dockerイメージのビルドとアップロード

次に、DockerイメージをAWS用にビルドし、アップロードしていきます。

FastAPIアプリのプロジェクトルートに移動し、以下のコマンドでDockerイメージのビルドを行います。

shell

```
$ docker build -t {AWSのアカウントID}.dkr.ecr.ap-northeast-1.⏎
amazonaws.com/demo-app:latest --platform linux/amd64 -f ⏎
Dockerfile.cloud .
```

-tオプションでは、タグを指定します。ECRのリポジトリ：タグ名という命名とします。

--platformオプションではコンテナイメージが動くOS、CPUアーキテクチャを指定します。これから動かすAWS App Runnerで対応しているプラットフォームであるlinux/amd64を指定します。特にAppleシリコンのMac（M1/M2など）を使っている方は、--platformを指定しない場合、linux/arm64が選択されてしまい、Mac上では動くのにAWS App Runnerでうまく動かない原因となります。逆にAppleシリコン用のビルドでlinux/amd64を選んでしまうと異なるCPUアーキテクチャのためにマシンエミュレーションが走ってしまい動作が重くなります。ローカルでは指定なし、クラウドプラットフォーム用には明示的にlinux/amd64を指定しましょう。

-fオプションでは、前章でクラウドプラットフォーム上で動かすために作成したDockerfile.cloudを指定します。

うまくビルドが完了すると、以下のように表示されます。

```
コマンド結果
[+] Building 2.0s (13/13) FINISHED
 => [internal] load build definition from Dockerfile.cloud          0.0s
 => => transferring dockerfile: 783B                                0.0s
 => [internal] load .dockerignore                                   0.0s
 => => transferring context: 2B                                     0.0s
 => [internal] load metadata for docker.io/library/python:3.11-buster⏎
                                                                    1.9s
 => [1/8] FROM docker.io/library/python:3.11-buster@sha256:9d9d9afa36⏎
8188d5a70bd624e156bcbcce48ca28868d0d52e484471906528da3              0.0s
 => [internal] load build context                                   0.0s
 => => transferring context: 3.36kB                                 0.0s
 => CACHED [2/8] WORKDIR /src                                       0.0s
 => CACHED [3/8] RUN pip install poetry                             0.0s
 => CACHED [4/8] COPY pyproject.toml* poetry.lock* ./               0.0s
 => CACHED [5/8] COPY api api                                       0.0s
 => CACHED [6/8] COPY entrypoint.sh ./                              0.0s
 => CACHED [7/8] RUN poetry config virtualenvs.in-project true      0.0s
 => CACHED [8/8] RUN if [ -f pyproject.toml ]; then poetry install ⏎
--no-root; fi                                                       0.0s
 => exporting to image                                              0.0s
 => => exporting layers                                             0.0s
 => => writing image sha256:6c397ccef5cbcb1b6a129593c37692fc07b409bf3⏎
aa3028e2aa1c5f81890b440                                             0.0s
 => => naming to ████████████.dkr.ecr.ap-northeast-1.amazonaws.com/
demo-app:latest                                                     0.0s
```

ビルドされたイメージをアップロード（push）する前に、AWS CLIからECRリポジトリへの疎通を確認します。

以下のコマンドを実行します。

```
shell
$ aws ecr list-images --repository-name=demo-app
```

"imageIds"として空のリストが返却されれば疎通されていることがわかります。

```
コマンド結果
{
    "imageIds": []
}
```

それではリポジトリにDockerイメージをpushします。

shell
```
$ docker push {AWSのアカウントID}.dkr.ecr.ap-northeast-1.amazonaws.⏎
com/demo-app:latest
```

pushに成功すると、最後にイメージのハッシュが表示されます。

コマンド結果
```
The push refers to repository [ {AWSのアカウントID} .dkr.ecr.⏎
ap-northeast-1.amazonaws.com/demo-app]
50d96e1cfdd6: Pushed
dda02bde2d2c: Pushed
1d5bc292df5f: Pushed
112fb8487d86: Pushed
90d706011595: Pushed
720ef18a1ff9: Pushed
0189e484f0d2: Pushed
bfe03308d48d: Pushed
8318bb0a14db: Pushed
6210e94692bb: Pushed
a0520480c038: Pushed
36d4a190a4f6: Pushed
9cfc4aa8768a: Pushed
ada8cfae898c: Pushed
7a0f5beec8b3: Pushed
f0a87eb98d2a: Pushed
latest: digest: sha256:dd47aa5a5d95193c57d3cad1e82a39e2a43a750987febf⏎
012f946cc902e07d33 size: 3682
```

先ほどの`list-images`を再実行すると、上記のイメージハッシュが取得できることを確認します。

shell
```
$ aws ecr list-images --repository-name=demo-app
```

コマンド結果

```
{
    "imageIds": [
        {
            "imageDigest": "sha256:dd47aa5a5d95193c57d3cad1e82a39e2a4
3a75⏎
0987febf012f946cc902e07d33",
            "imageTag": "latest"
        }
    ]
}
```

pushされたイメージはAWSコンソールからも確認可能です。

ECRのダッシュボードからdemo-appのリポジトリを選択すると、図16.45のように`latest`タグでイメージが作成されていることが確認できます。

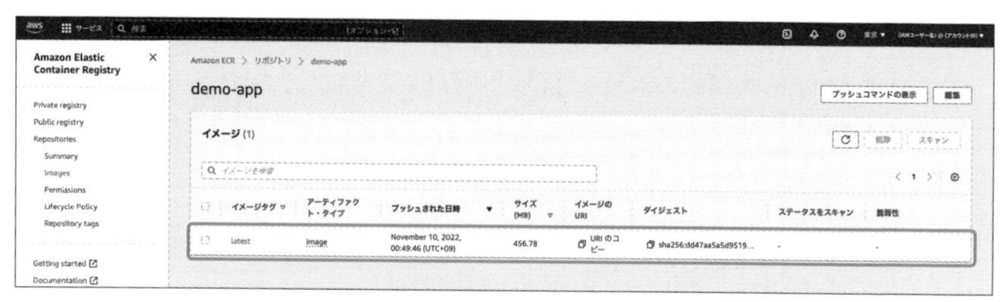

▲図16.45：イメージのアップロードを確認

以上でECRリポジトリへのDockerイメージのアップロードは完了です。

P06 コンテナの起動：App Runnerの設定と起動

アップロードしたコンテナイメージを利用し、App Runnerの設定と起動を行っていきましょう。

ここではApp Runnerの設定と起動を行います。

AWSコンソールの上の検索バーに、「app runner」と入力し（図16.46❶）、「AWS App Runner」をクリックします（図16.46❷）。

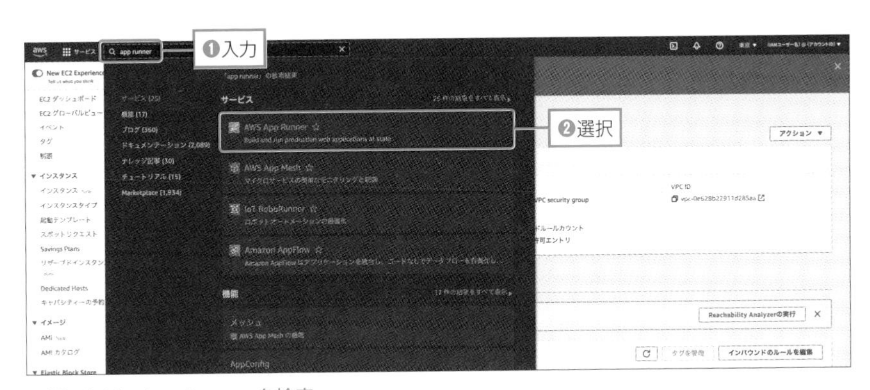

▲図16.46：App Runnerを検索

「App Runnerサービスを作成」をクリックします（図16.47）。

▲図16.47：「App Runnerサービスを作成」をクリック

「コンテナイメージのURI」から「参照」をクリックします（図16.48）。

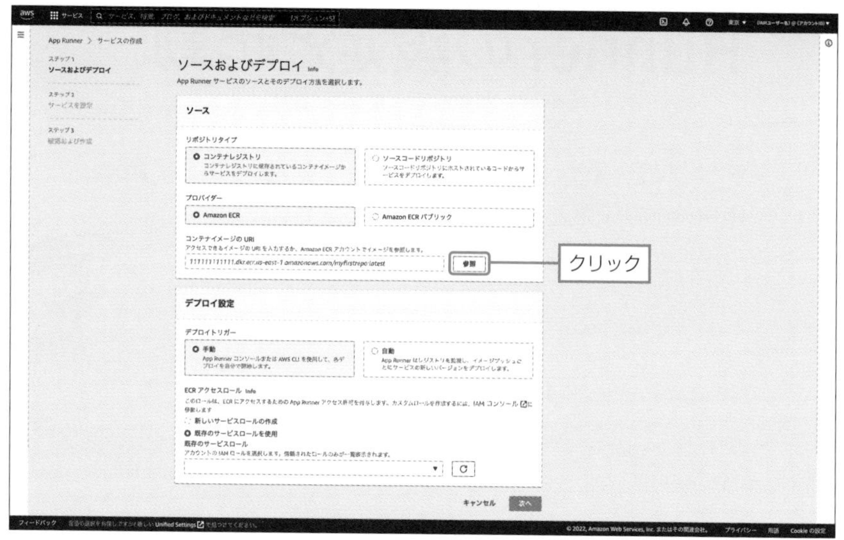

▲図16.48：「コンテナイメージのURI」から「参照」をクリック

先ほど作成したイメージリポジトリ「demo-app」とイメージタグ「latest」を選択し、「続行」をクリックします（図16.49❶❷）。

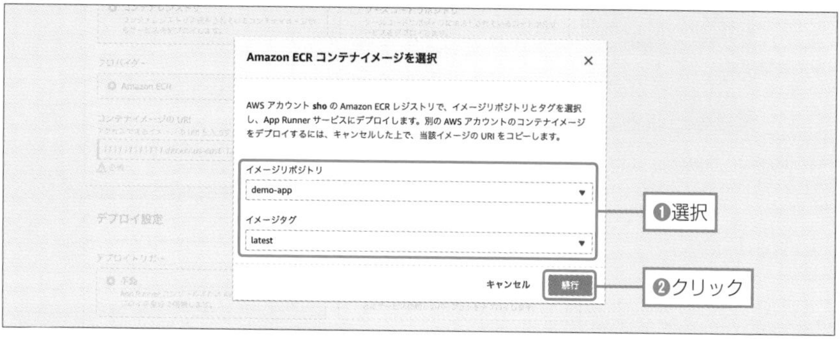

▲図16.49：コンテナイメージの選択画面

その他は次のページの画面のように設定し、「次へ」をクリックします（図16.50❶❷）。

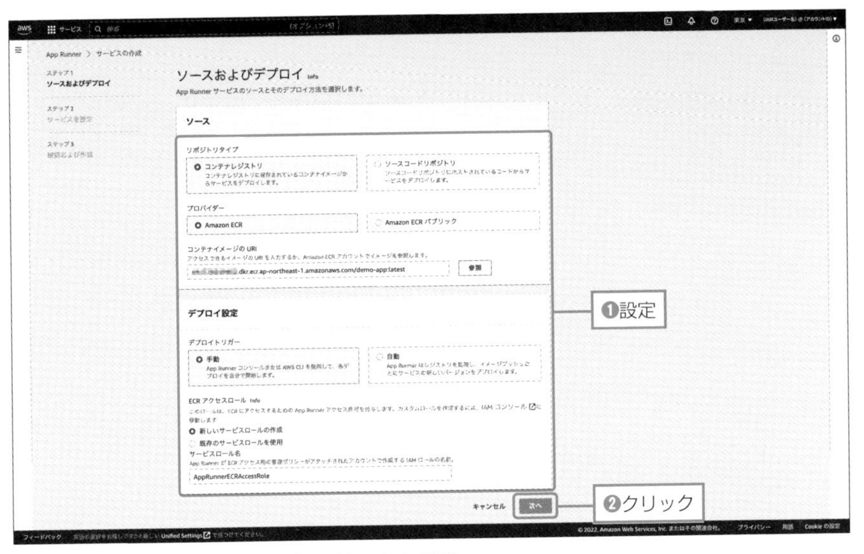

▲図16.50：「ソースおよびデプロイ」の入力画面

次の画面では、以下のように設定を行います。デフォルト値から変更が必要なもののみ記載しています（図16.51）。現時点では、まだ「次へ」はクリックしないことに注意します。

- サービス名
  - demo-app
- 環境変数を追加
  - キー: DB_USER、値: admin
  - キー: DB_PASSWORD、値: 先ほどRDSデプロイ時に控えておいたマスターパスワード
  - キー: DB_HOST、値: 先ほどRDSデプロイ時に控えておいたエンドポイント
- ポート
  - 8000
- ネットワーキング
  - カスタムVPC
    - VPCコネクタ
      - 新規追加

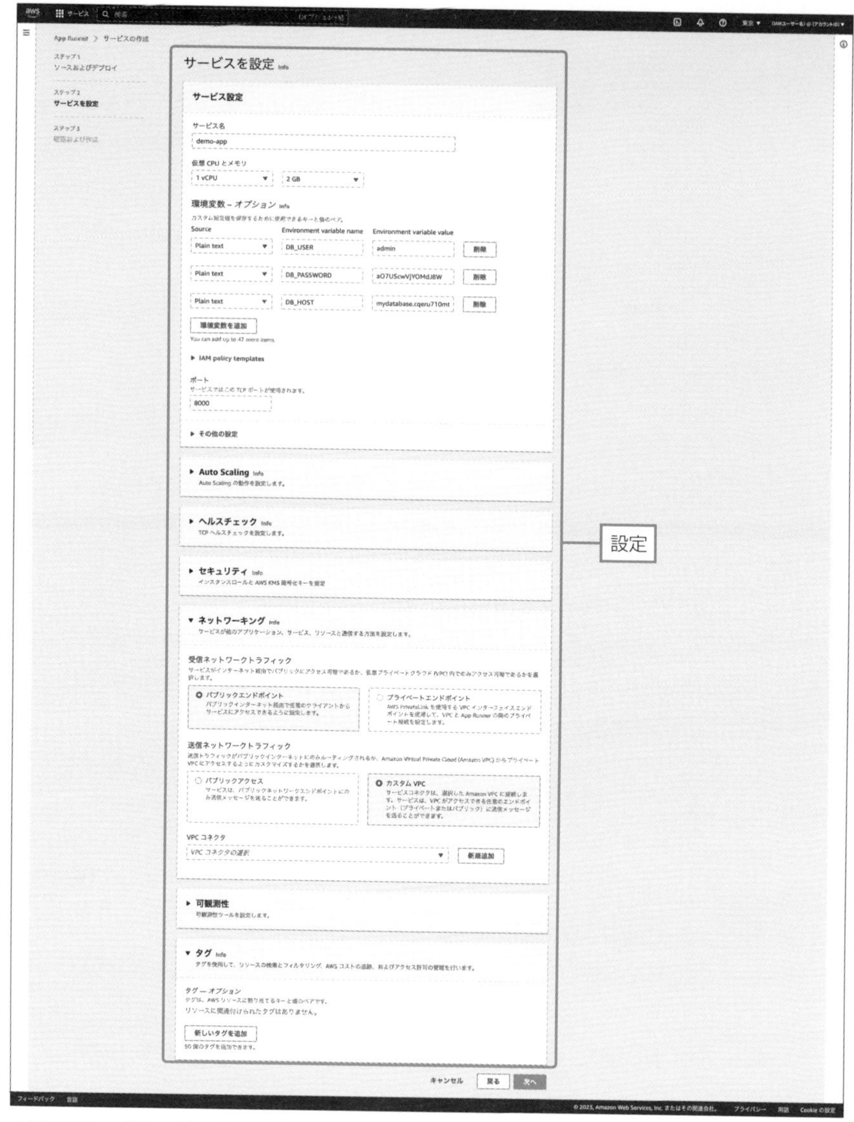

▲図16.51：「サービスを設定」の入力画面

次に、VPCコネクタを作成します。VPCコネクタの項目の「新規追加」をクリックします。

VPCコネクタは、App RunnerのFastAPIコンテナから、RDSへの接続を行うために必要です（図16.52❶）。

「VPCコネクタ名」として、「AppRunnerDemoAppConnector」と入力します。

「VPC」にRDSが所属しているVPCを選択します。本書の手順で作成した場合デフォルトのVPCとなります。

「サブネット」ではできる限りリージョン内のすべてのアベイラビリティーゾーン（AZ）、すなわちap-northeast-1a/ap-northeast-1c/ap-northeast-1dに所属するサブネットを選択します。

「セキュリティグループ」も、RDSが所属するセキュリティグループを選択します。本書の手順で作成した場合はdefaultという名のセキュリティグループを選択します。

最後に「追加」をクリックします（図16.52❷）。

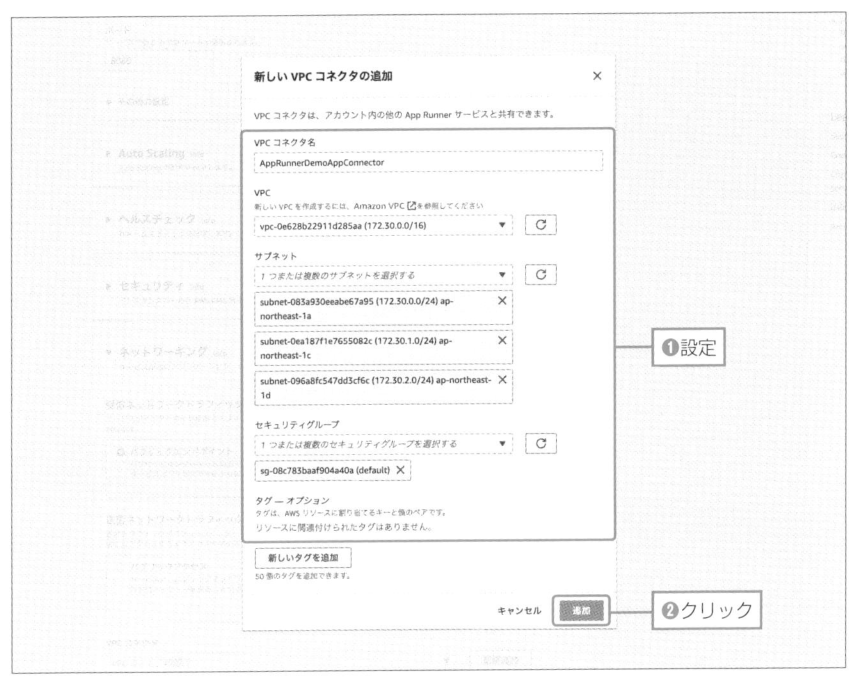

▲図16.52：「新しいVPCコネクタの追加」の入力画面

ここで追加されたVPCコネクタが選択された状態であることを確認し（図16.53❶）、「次へ」をクリックします（図16.53❷）。

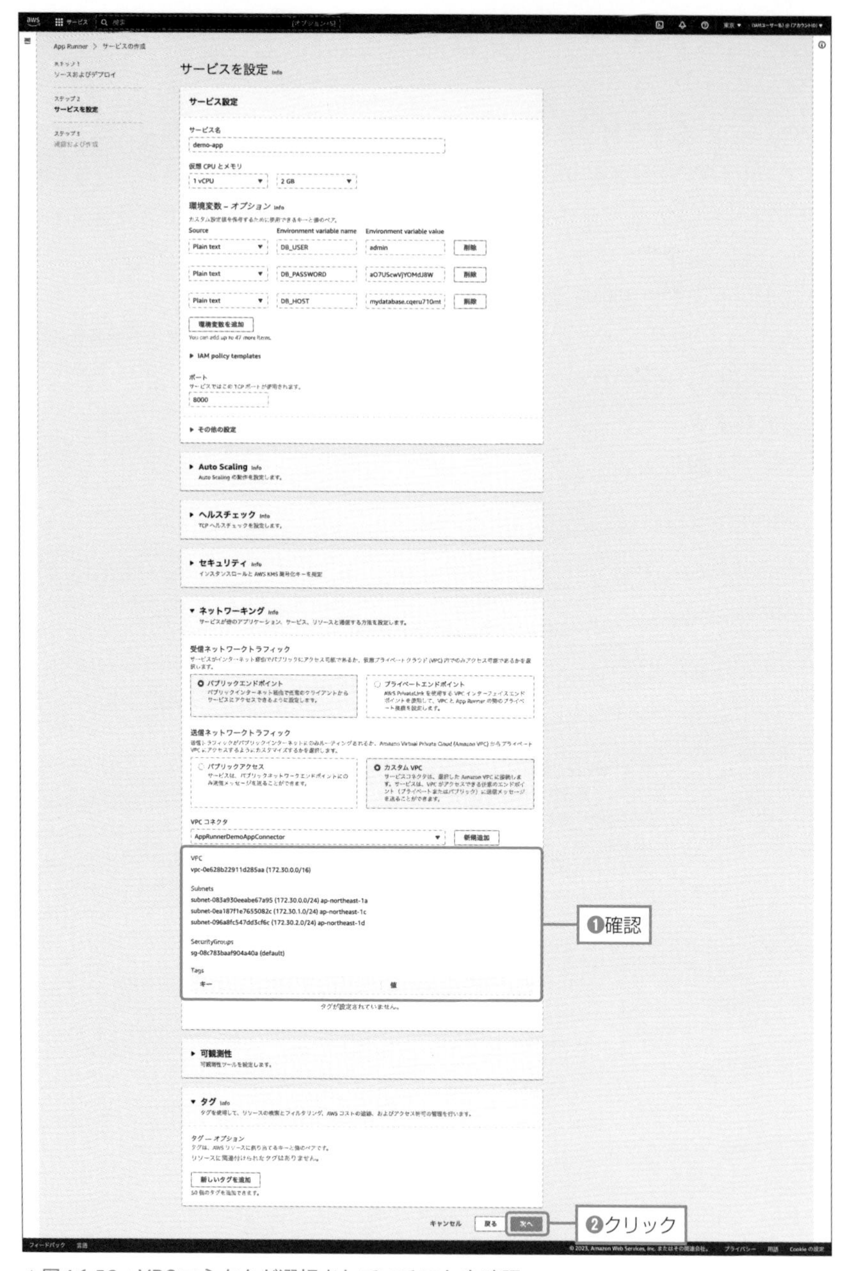

▲図16.53：VPCコネクタが選択されていることを確認

図16.54のようになっていることを確認し、「作成とデプロイ」をクリックします（図16.54❶❷）。

▲図16.54：「サービスの作成」の確認画面

作成には数分かかります。

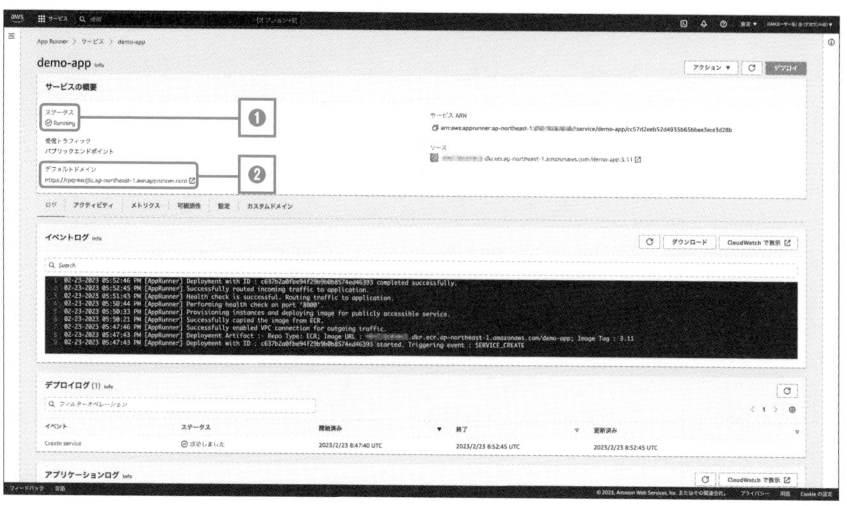

▲図16.55：サービスの作成完了を確認

ステータスがRunningになっていれば成功です（図16.55❶）。

成功、失敗にかからわらず、デプロイの状況はイベントログやデプロイログより参照できます。

また、FastAPIのログはアプリケーションログに出力されています。「Application Logs」を開くと、図16.56のようにログを確認できます。

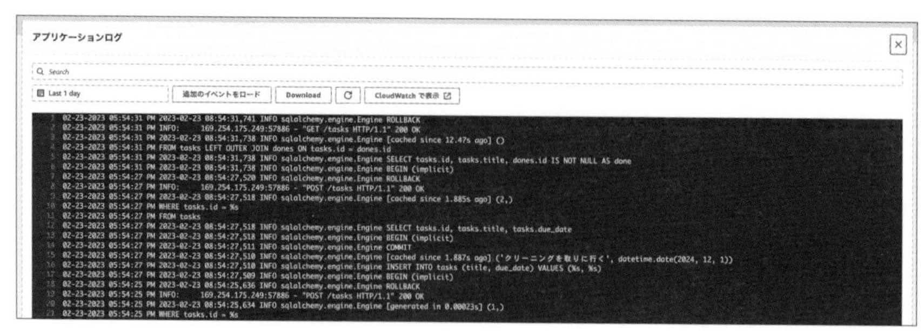

▲図16.56：App Runnerのアプリケーションログ

デプロイされたFastAPIアプリケーションは、図16.55❷の「デフォルトドメイン」に記載のURLより確認できます。

デフォルトドメインのURLの後ろに`/docs`を付加してブラウザアクセスすると、ローカルで起動した際と同様Swagger UIが確認できます（図16.57）。

`GET /tasks`を実行した際に、HTTPステータスとして200が返却されればDBとの疎通も問題ないことが確認できます。

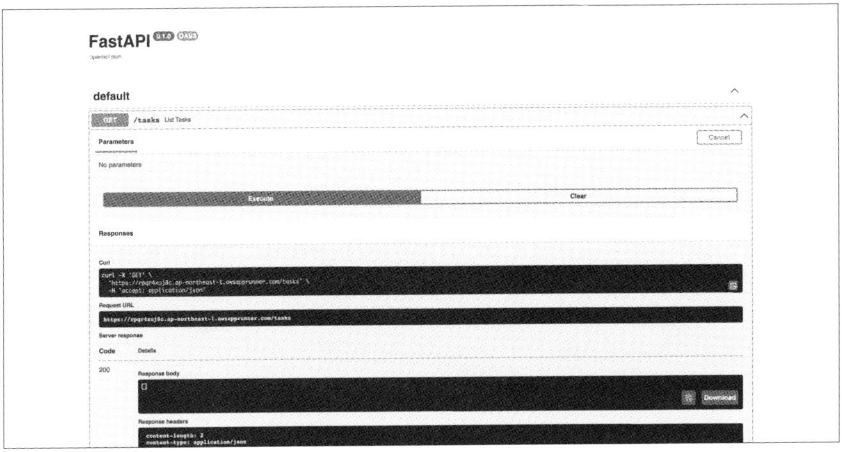

▲図16.57：Swagger UIでの動作確認

P07 まとめ

第16章では以下のことを解説しました。

- AWSへのデプロイの概要
- AWSアカウントの作成
- AWSアカウントの初期設定
- データベースの準備：RDSにMySQLサービスの作成
- コンテナイメージをアップロード：ECRの利用
- コンテナの起動：App Runnerの設定と起動

Part3
クラウドプラットフォームへのデプロイ

Chapter17

クラウドプラットフォームへのデプロイ：GCP編

本章では、第15章で準備したコンテナイメージを利用してGCPへのデプロイを行います。AWSを利用の方は前章を参照ください。

P01 GCPへのデプロイの概要

GCPへのデプロイの概要と本章の構成について説明します。

第15章の表15.1のAWSとGCPの比較表にも記載しましたが、GCPにデプロイする際に主に利用するサービス（あるいはプロダクト）は以下のとおりです。

- Cloud Run
  - マネージド型のコンテナ実行環境
- GCR（Container Registry）
  - コンテナイメージを管理できるマネージド型コンテナレジストリ
- Cloud SQL
  - マネージド型のリレーショナルデータベースサービス

それぞれのサービスの詳細についてはこの後、サービスを設定する際に順次説明します。

本章では、以下のステップで説明していきます。

既にGCPアカウントの設定が済んでいる方は、本章3節の「データベースの準備: Cloud SQLにMySQLサービスの作成」に進んでください。

- GCPアカウントの作成
- データベースの準備：Cloud SQLにMySQLサービスの作成
- コンテナイメージをアップロード：GCRの利用
- コンテナの起動：Cloud Runの設定と起動

なお、本章のGCPコンソールの画面については本書執筆時の情報であり、今後のアップデートにより大きく変更になる可能性があることにご注意ください。

02 GCPアカウントの作成

GCPアカウントの作成方法について解説します。

最初にGCPアカウントを作成します。既に持っている人は読み飛ばしてください。

下記ページにアクセスし、GCPアカウントの作成を始めます。

参考：クラウドコンピューティングサービス | Google Cloud
URL https://cloud.google.com/

「無料で利用開始」をクリックしてアカウント作成に進みます（図17.1）。

▲図17.1：「無料で利用開始」をクリック

まず、ログインしているGoogleアカウントがこれからGCPアカウントの作成に利用したいアカウントであることを確認しましょう（図17.2❶）。

最も合う利用用途を選択し、「続行」します（図17.2❷～❺）。

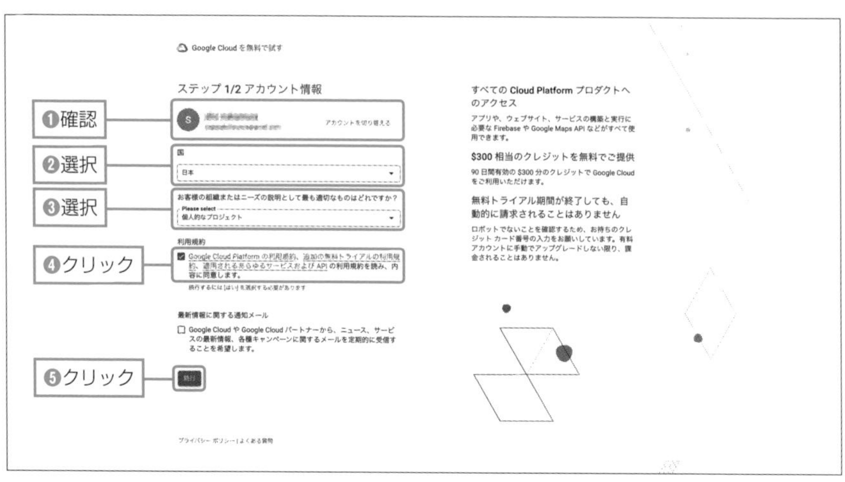

▲図17.2：利用用途を選択

GCPの場合、「組織」の利用には独自ドメインが必要になります。個人アカウントとして作成しても、後から組織に紐付けることが可能なので、本書では「個人的なプロジェクト」として進めます。

また、GCPアカウントの作成には有効なクレジットカード情報が必要です（図17.3❶）。GCPの場合はAWSと異なり無料のクレジットが割り当てられ、これが残っており、かつトライアル期間であればこのクレジットが消費され、クレジットを使い果たしても自動で課金されることはありません。課金する場合は手動で有料アカウントに明示的に移行するプロセスとなっています。

「無料トライアルを開始」をクリックします（図17.3❷）。

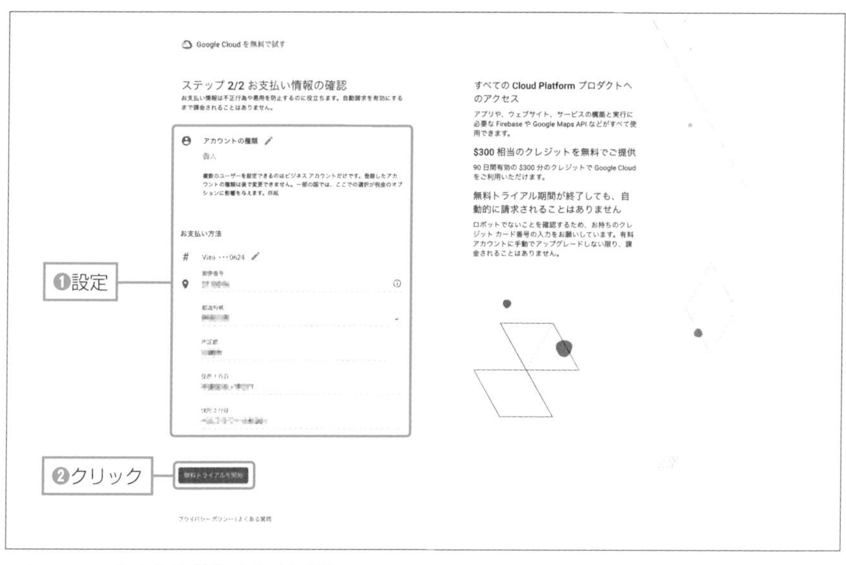

▲図 17.3：お支払い情報の入力画面

P03 データベースの準備：Cloud SQLにMySQLサービスの作成

アカウントの設定が完了したら、Cloud SQLを使ってデータベースを作成していきましょう。

ここでは、Cloud SQLにMySQLデータベースを作成していきます。

GCPコンソール上部の検索バーから、「cloud sql」と入力し（図17.4❶）、メニューから「プロダクトとページ」の「SQL」をクリックします（図17.4❷）。

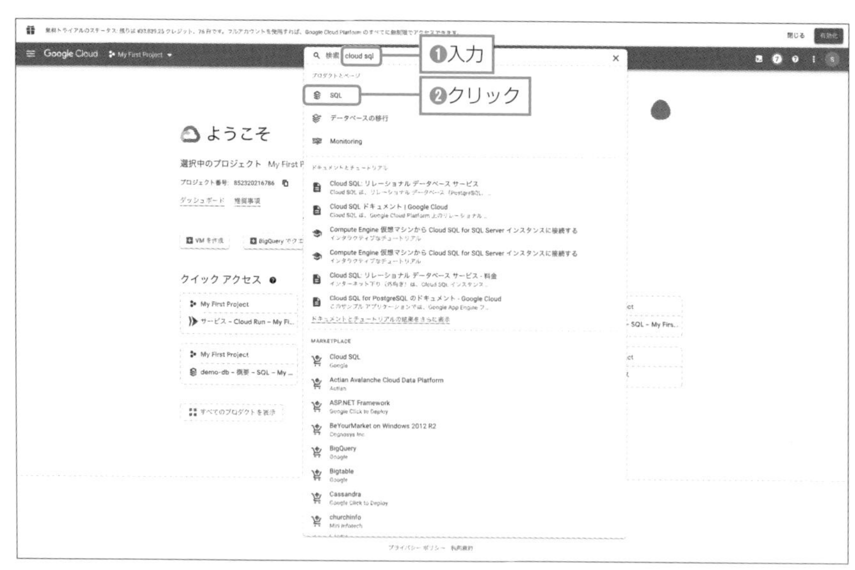

▲図17.4：「SQL」をクリック

「インスタンスを作成」をクリックします（図17.5）。

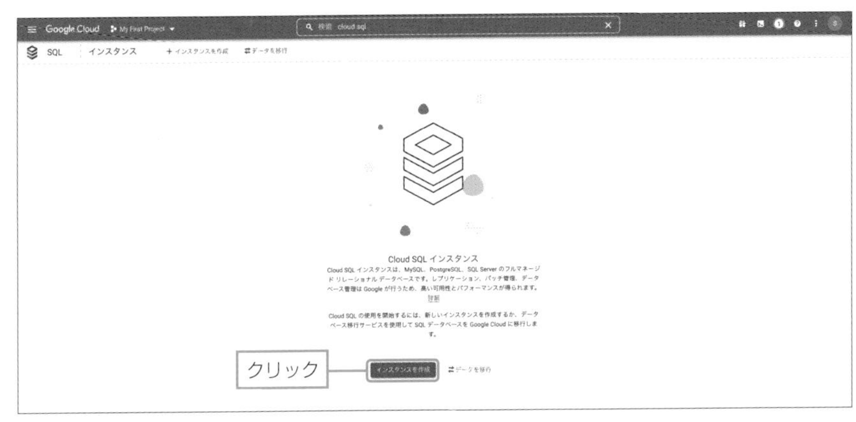

▲図17.5：「インスタンスを作成」をクリック

「データベースエンジンの選択」より「MySQL」を選択します（図17.6）。

▲図17.6：「MySQL」を選択

初回の場合、「Compute Engine API」を有効にするように求められます。「APIを有効にする」をクリックします（図17.7）。

APIの有効化には数分程度かかることがありますので、完了するまで待機します。

メモ　GCPとCloud APIs

GCPを利用する場合、プロジェクトごとに、プロダクトによっては初めて利用する際にAPIの有効化を求められる場合があります。

各プロダクトを利用するにはCloud APIsをプログラム・CLIあるいはWebコンソールから内部的に利用するため、この操作が必要になります。GCPは複数のAPI群を束ねたプラットフォームだと考えればわかりやすいでしょう。APIごとに利用規約が設定されていたり、料金が設定されていることがありますので確認しておきましょう。

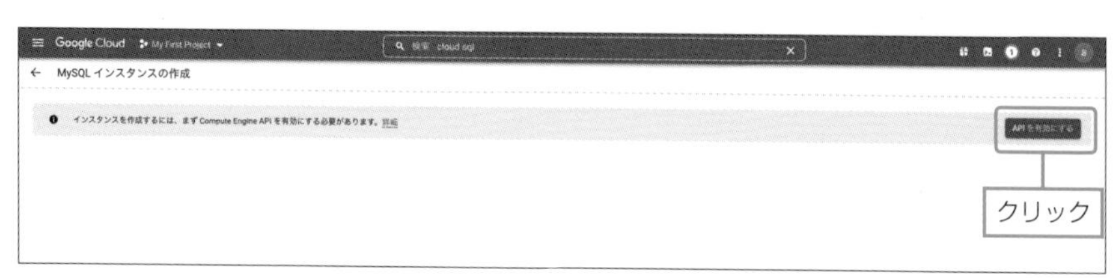

▲図17.7：「APIを有効にする」をクリック

MySQLインスタンス情報を入力していきます（図17.8❶❷）。
以下のように入力します。

- インスタンスID（図17.8❶）
  - demo-db
- パスワード（図17.8❷）
  - フォーム右側の「生成」をクリック
- 最初に使用する構成の選択（図17.8❸）
  - Development（開発環境）
- リージョン（図17.8❹）
  - asia-northeast1（東京）
- ゾーンの可用性（図17.8❺）
  - シングルゾーン
    （本番環境で利用する場合には、複数のゾーンを選択します）
- インスタンスのカスタマイズ
  - 接続（図17.8❻）
    - インスタンスIPの割り当て
      - 「プライベートIP」にチェック
        - ネットワーク
          - default
      - 「パブリックIP」はチェックを外す

また、この画面で生成し、入力したrootユーザーのパスワードを控えておきましょう（図17.8❷）。**パスワードは後からは参照ができず、ここで控え忘れるとパスワードをリセットする必要があります。**

最初は折りたたまれている「接続」の項目を忘れないようにしましょう（図17.8❻）。

また、ネットワーク欄に「プライベートサービスアクセス接続は必須です」と表示されている場合は「接続を設定」をクリックします（図17.8❼）。

この時点ではまだ「インスタンスを作成」をクリックしません。

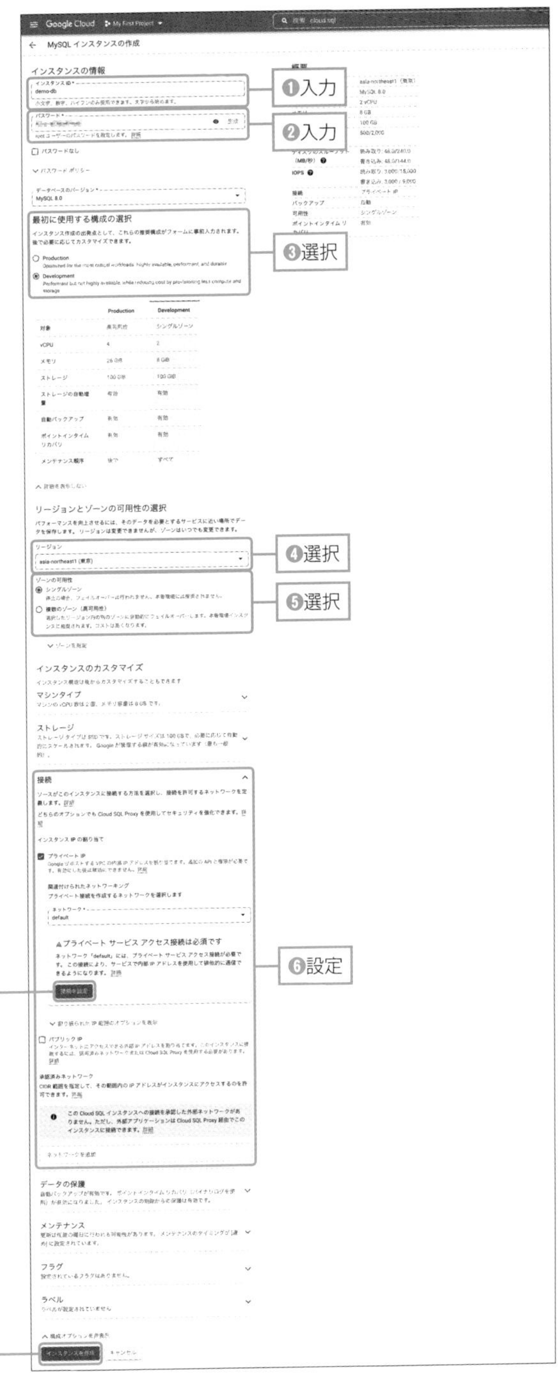

▲図17.8：MySQLインスタンスの作成画面

初回は「Service Networking APIの有効化」を求められますので、「APIを有効にする」をクリックします（図17.9）。

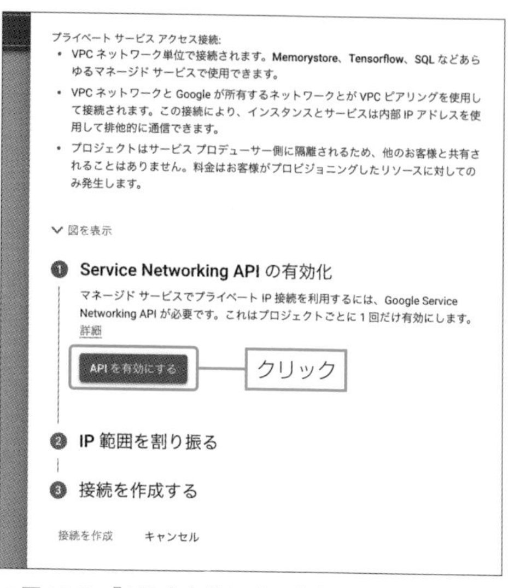

▲図17.9：「APIを有効にする」をクリック

「IP範囲を割り振る」では、「自動的に割り当てられたIP範囲を使用する」を選択し、「続行」をクリックします（図17.10❶❷）。

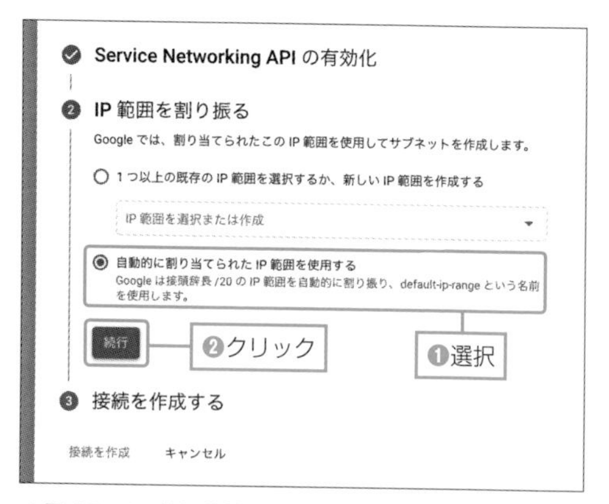

▲図17.10：「自動的に割り当てられたIP範囲を使用する」を選択

「接続を作成」をクリックします（図17.11）。

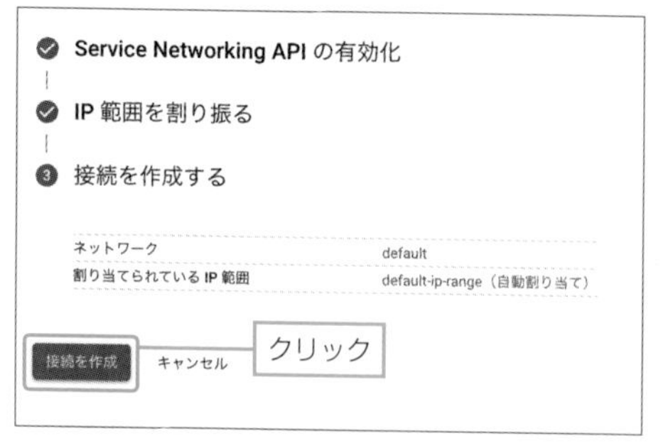

▲図17.11：「接続を作成」をクリック

「MySQLインスタンスの作成」のページに戻ったら、改めて入力内容を確認し、「インスタンスを作成」をクリックします（図17.8❽）。

インスタンスの作成には数分かかります。Cloud SQLのダッシュボード内で、今回作成した「demo-db」の横にチェックマークが付いていれば無事DBの作成は完了です（図17.12）。

▲図17.12：DBの作成が完了

P04 コンテナイメージをアップロード：GCRの利用

次に、Dockerのコンテナイメージをアップロードしていきましょう。

次に、Dockerのコンテナイメージをアップロードしていきましょう。

gcloud CLIの準備

GCRへのDockerイメージのアップロードは、手元のCLIから行います。
まずは、gcloud CLIの設定をしていきます。
以下に最新のインストール方法の記載があります。

参考：gcloud CLIをインストールする
URL https://cloud.google.com/sdk/docs/install?hl=ja

MacでHomebrewを利用している場合はHomebrewでのインストールも可能です。

```shell
$ brew install google-cloud-sdk
```

Homebrewでインストールした場合、コマンドをシェルから利用できるようにするための初期設定として、`brew install`実行後に表示されている通り、以下のコマンドを実行します。

shell

```
$ echo "\nsource {google-cloud-sdkのインストールパス}/latest/⏎
google-cloud-sdk/completion.zsh.inc" >> ~/.zshrc
$ echo "source {google-cloud-sdkのインストールパス}/latest/⏎
google-cloud-sdk/path.zsh.inc" >> ~/.zshrc
$ source ~/.zshrc
```

gcloud CLIのインストールが完了すると、CLIでGCPへのログインを行います。コンソールで、以下のコマンドを実行します。

shell

```
$ gcloud auth login
```

以下のようなメッセージとともに、ブラウザが開きます。

コマンド結果

```
Your browser has been opened to visit:

    https://accounts.google.com/o/oauth2/auth?response_type=⏎
code&client_id={client_id}.apps.googleusercontent.com&redirect_uri=⏎
http%3A%2F%2Flocalhost%3A8085%2F&scope=openid+https%3A%2F%2Fwww.⏎
googleapis.com%2Fauth%2Fuserinfo.email+https%3A%2F%2Fwww.googleapis.⏎
com%2Fauth%2Fcloud-platform+https%3A%2F%2Fwww.googleapis.⏎
com%2Fauth%2Fappengine.admin+https%3A%2F%2Fwww.googleapis.⏎
com%2Fauth%2Fsqlservice.login+https%3A%2F%2Fwww.googleapis.com%2Fauth⏎
%2Fcompute+https%3A%2F%2Fwww.googleapis.com%2Fauth%2Faccounts.reauth⏎
&state=o0GAkV9upSPh8tktWUleF1ThyW3Z59&access_type=offline&code_⏎
challenge=IIHezFB_inKz6WvVScbSQ_uv0VIGjJjsOyyasGyUgEk&code_⏎
challenge_method=S256
```

Googleアカウントのログインが求められるのでアカウントを選択し、「許可」した後、コンソール上に以下のように表示されれば完了です。

コマンド結果

```
You are now logged in as [{emailアドレス}].
Your current project is [None].  You can change this setting by ⏎
running:
  $ gcloud config set project PROJECT_ID
```

次に、CLIにプロジェクトを設定します。

GCPのトップページ（GCPコンソールの左上の「Google Cloud」のロゴから遷移可能）の真ん中に「プロジェクトID」が表示されているので、こちらをコピーします（図17.13）。

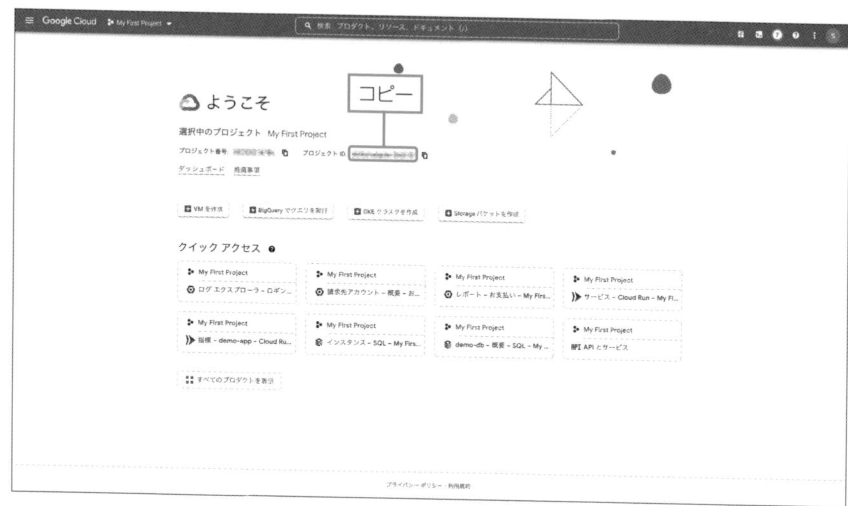

▲図17.13：「プロジェクトID」のコピー

コピーしたプロジェクトIDをもとに、以下のコマンドを実行します。

```shell
$ gcloud config set project {GCPのプロジェクトID}
```

以下のように返ってくれば成功です。

コマンド結果
```
Updated property [core/project].
```

次に、gcloud CLIでdockerコマンドの設定を行います。以下のコマンドを実行します。

```shell
$ gcloud auth configure-docker
```

以下のように確認が入りますので、Yを入力して完了します。

コマンド結果

```
Adding credentials for all GCR repositories.
WARNING: A long list of credential helpers may cause delays running ⏎
'docker build'. We recommend passing the registry name to configure ⏎
only the registry you are using.
After update, the following will be written to your Docker config ⏎
file located at [/Users/{ユーザー名}/.docker/config.json]:
 {
  "credHelpers": {
    "gcr.io": "gcloud",
    "us.gcr.io": "gcloud",
    "eu.gcr.io": "gcloud",
    "asia.gcr.io": "gcloud",
    "staging-k8s.gcr.io": "gcloud",
    "marketplace.gcr.io": "gcloud"
  }
}

Do you want to continue (Y/n)?
```


Dockerイメージのビルドとアップロード

次に、DockerイメージをGCP用にビルドし、アップロードしていきます。

FastAPIアプリのプロジェクトルートに移動し、以下のコマンドでDockerイメージのビルドを行います。

shell

```
$ docker build -t gcr.io/{GCPのプロジェクトID}/demo-app:⏎
latest --platform linux/amd64 -f Dockerfile.cloud .
```

-tオプションでは、タグを指定します。GCRのリポジトリ：タグ名という命名とします。

--platformオプションではコンテナイメージが動くOS、CPUアーキテクチャを指定します。これから動かすCloud Runで対応しているプラットフォームであるlinux/amd64を指定します。特にAppleシリコンのMac（M1/M2など）を使っている方は、--platformを指定しない場合、linux/arm64が選択されてしまい、Mac上では動くのにCloud Runでうまく動かない原因となります。逆にAppleシリコン用のビルドで`linux/amd64`を選んでしまうと異なるCPUアーキテクチャのためにマシンエミュレーションが走ってしまい動作が重くなります。ローカルでは指定なし、クラウドプラットフォーム用には明示的に`linux/amd64`を指定しましょう。

`-f`オプションでは、第15章でクラウドプラットフォーム上で動かすために作成した`Dockerfile.cloud`を指定します。

うまくビルドが完了すると、以下のように表示されます。

コマンド結果

```
[+] Building 0.9s (13/13) FINISHED
 => [internal] load build definition from Dockerfile.cloud           0.0s
 => => transferring dockerfile: 43B                                   0.0s
 => [internal] load .dockerignore                                     0.0s
 => => transferring context: 2B                                       0.0s
 => [internal] load metadata for docker.io/library/python:3.11-buster↵
                                                                      0.8s
 => [1/8] FROM docker.io/library/python:3.11-buster@sha256:9d9d9afa36↵
8188d5a70bd624e156bcbcce48ca28868d0d52e484471906528da3 0.0s
 => [internal] load build context                                     0.0s
 => => transferring context: 3.36kB                                   0.0s
 => CACHED [2/8] WORKDIR /src                                         0.0s
 => CACHED [3/8] RUN pip install poetry                               0.0s
 => CACHED [4/8] COPY pyproject.toml* poetry.lock* ./                 0.0s
 => CACHED [5/8] COPY api api                                         0.0s
 => CACHED [6/8] COPY entrypoint.sh ./                                0.0s
 => CACHED [7/8] RUN poetry config virtualenvs.in-project true        0.0s
 => CACHED [8/8] RUN if [ -f pyproject.toml ]; then poetry install ↵
--no-root; fi
                                                                      0.0s
 => exporting to image                                                0.0s
 => => exporting layers                                               0.0s
 => => writing image sha256:6c397ccef5cbcb1b6a129593c37692fc07b409bf3↵
aa3028e2aa1c5f81890b440
                                                                      0.0s
 => => naming to gcr.io/{GCPのプロジェクトID}/demo-app:latest         0.0s
```

それではリポジトリにDockerイメージをpushします。

shell

```
$ docker push gcr.io/{GCPのプロジェクトID}/demo-app:latest
```

pushに成功すると、最後にイメージのハッシュが表示されます。

コマンド結果

```
The push refers to repository [gcr.io/{GCPのプロジェクトID}/demo-app]
50d96e1cfdd6: Pushed
dda02bde2d2c: Pushed
1d5bc292df5f: Pushed
112fb8487d86: Pushed
90d706011595: Layer already exists
720ef18a1ff9: Layer already exists
0189e484f0d2: Layer already exists
bfe03308d48d: Layer already exists
8318bb0a14db: Layer already exists
6210e94692bb: Layer already exists
a0520480c038: Layer already exists
36d4a190a4f6: Layer already exists
9cfc4aa8768a: Layer already exists
ada8cfae898c: Layer already exists
7a0f5beec8b3: Layer already exists
f0a87eb98d2a: Layer already exists
latest: digest: sha256:dd47aa5a5d95193c57d3cad1e82a39e2a43a750987febf↵
012f946cc902e07d33 size: 3682
```

unknown: Service 'containerregistry.googleapis.com' is not enabled for consumerというエラーが表示される場合には、gcloud services enable containerregistry.googleapis.comコマンドを実行し、Container Registry APIを有効にしてから再実行しましょう。

以下のコマンドでイメージが正しくpushされたことを確認します。

shell

```
$ gcloud container images list
```

コマンド結果

```
NAME
gcr.io/{GCPのプロジェクトID}/demo-app
Only listing images in gcr.io/{GCPのプロジェクトID}. Use --repository ↵
to list images in other repositories.
```

pushされたイメージはGCPコンソールからも確認可能です。

GCRのダッシュボードからdemo-appのリポジトリを選択すると、以下の手順で`latest`タグでイメージが作成されていることが確認できます。

GCPコンソール上部の検索バーに「registry」と入力し（図17.14❶）、「プロダクトとページ」より「Container Registry」をクリックします（図17.14❷）。

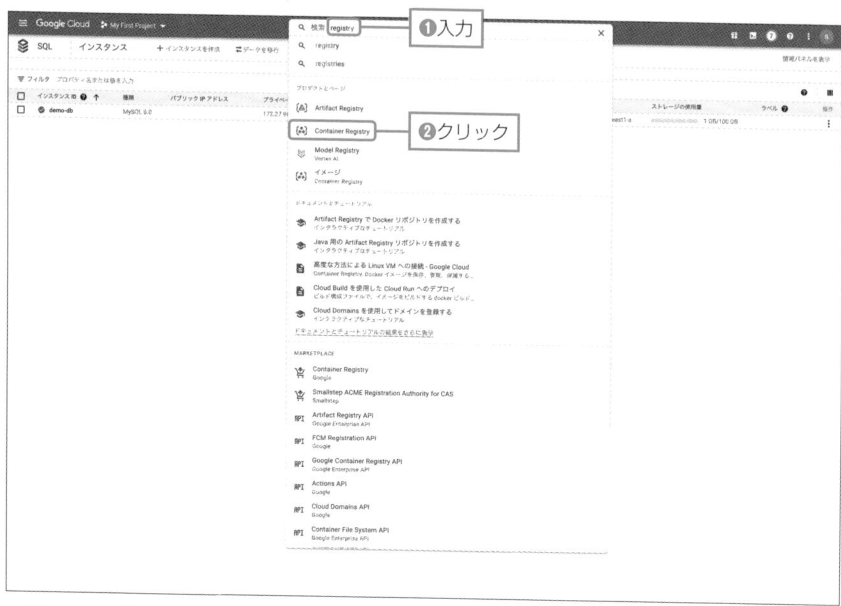

▲図17.14：「Container Registry」をクリック

「demo-app」をクリックします（図17.15）。

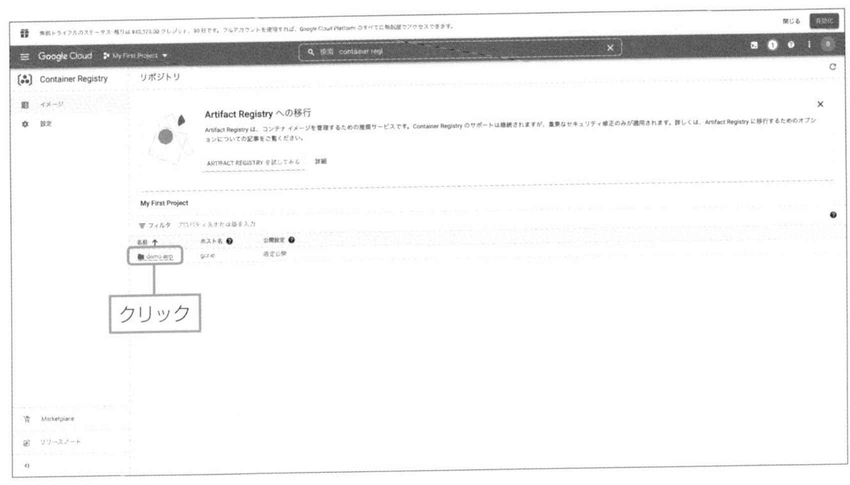

▲図17.15：「demo-app」をクリック

先ほどpushしたイメージのハッシュ値が表示されているのが確認できます(図17.16)。

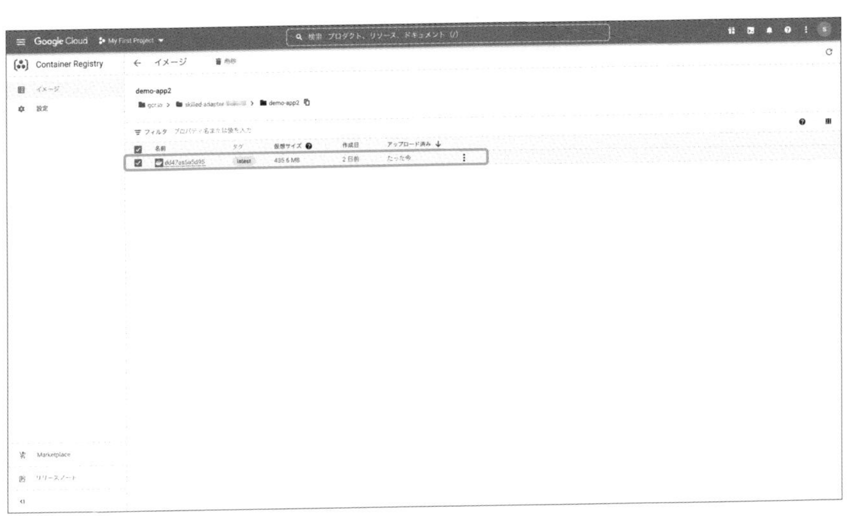

▲図17.16：イメージのハッシュ値を確認

これにてGCRリポジトリへのDockerイメージのアップロードは完了です。

P05 コンテナの起動：Cloud Runの設定と起動

アップロードしたコンテナイメージを利用し、Cloud Runの設定と起動を行っていきましょう。

ここではCloud Runの設定と起動を行います。

サーバーレスVPCコネクタの作成

Cloud SQLで作成したデータベースはVPC内に存在するため、Cloud Runではサーバーレス VPCコネクタを利用してデータベースの作成を行います。Cloud Runの設定を行う前に、サーバーレスVPCコネクタの作成を行っておきましょう。

GCPコンソール上部の検索バーより、「serverless vpc」と入力して（図17.17❶）、「プロダクトとページ」より「Serverless VPC access」をクリックします（図17.17❷）。

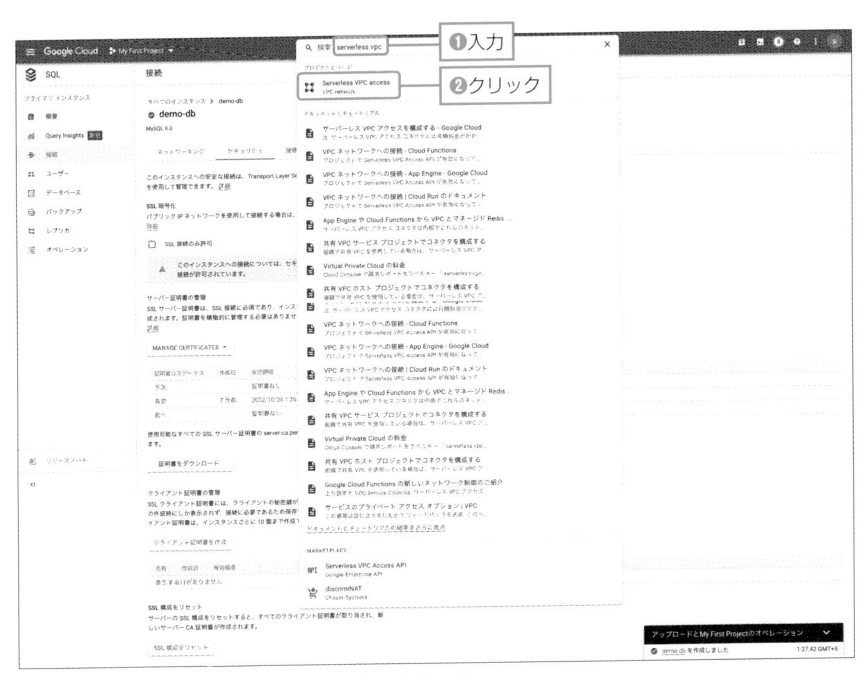

▲図17.17：「Serverless VPC access」をクリック

初回はAPIアクセスが無効になっているため、エラー画面が表示されることがあります。その場合、「続行」をクリックします（図17.18）。

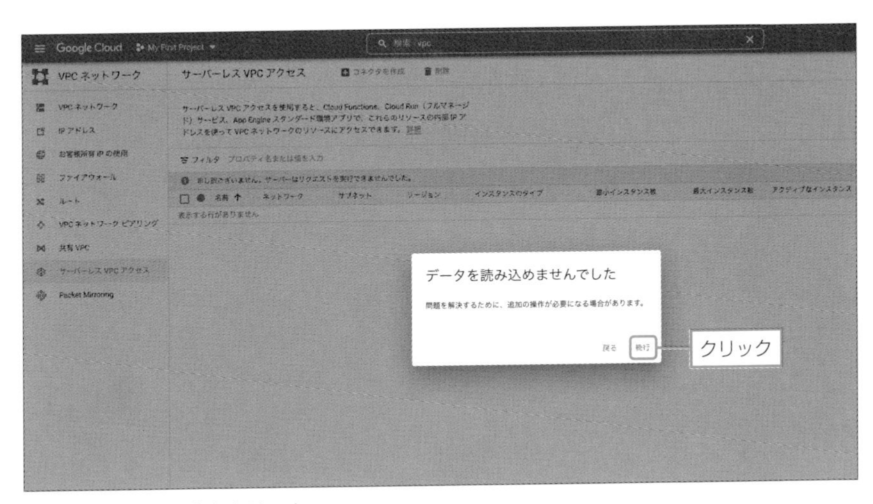

▲図17.18：「続行」をクリック

図17.19の画面で、「有効にする」をクリックします。

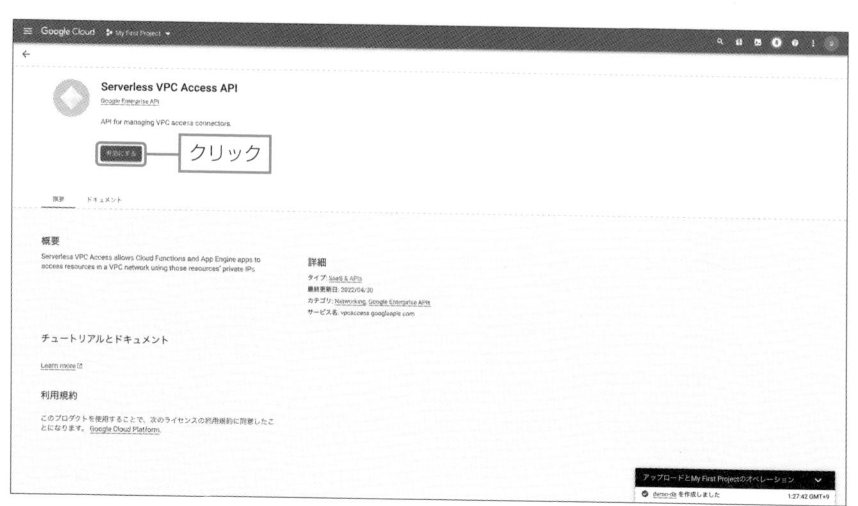

▲図17.19：「有効にする」をクリック

「サーバーレスVPCアクセス」のダッシュボードより、「コネクタを作成」をクリックします（図17.20）。

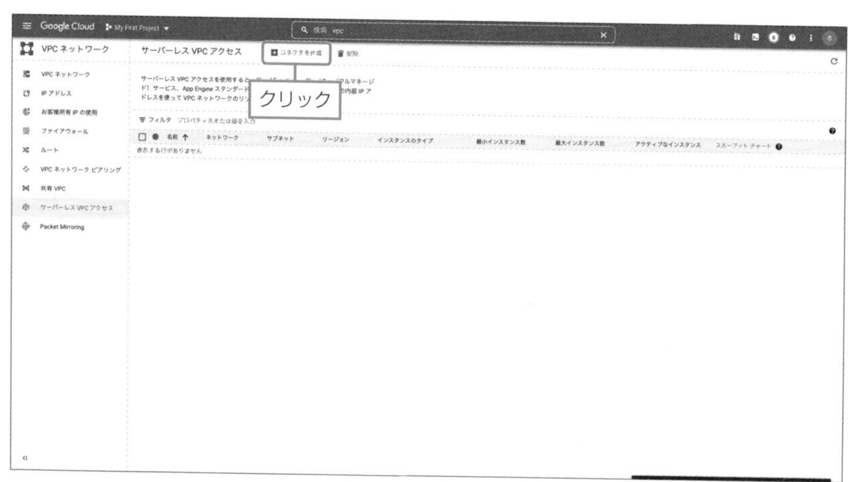

▲図17.20：「コネクタを作成」をクリック

「コネクタの作成」画面では、以下のように入力します（図17.21❶）。

- 名前
    - demo-db-connector
- リージョン
    - asia-northeast1
- ネットワーク
    - default
- サブネット
    - カスタムIP範囲
        - IP範囲
            - "10.8.0.0" /28
            - 既にこのIPレンジを利用している場合は、/28CIDRレンジの任意のIPレンジ

最後に、「作成」をクリックします（図17.21❷）。

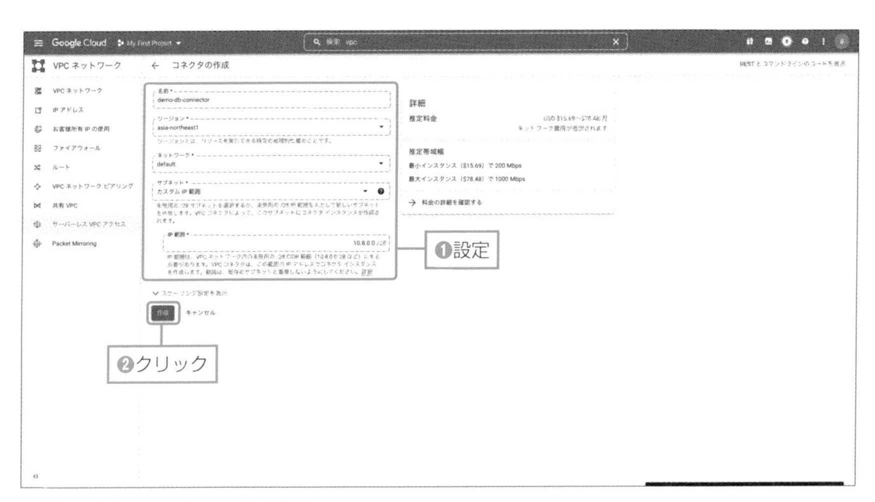

▲図17.21：コネクタの作成画面

無事に作成が完了すると、ダッシュボードの「demo-db-connector」の左に緑色のチェックマークが付きます（図17.22）。

▲図17.22：コネクタの作成完了を確認

Cloud Runの設定と起動

いよいよ、Cloud Runの設定と起動を行います。

GCPコンソール上部の検索バーより、「cloud run」と入力して（図17.23❶）、「プロダクトとページ」より「Cloud Run」をクリックします（図17.23❷）。

▲図17.23：「Cloud Run」をクリック

「サービスの作成」をクリックします（図17.24）。

▲図17.24：「サービスの作成」をクリック

「既存のコンテナイメージから1つのリビジョンをデプロイする」から、「コンテナイメージのURL」横の「選択」をクリックします（図17.25）。

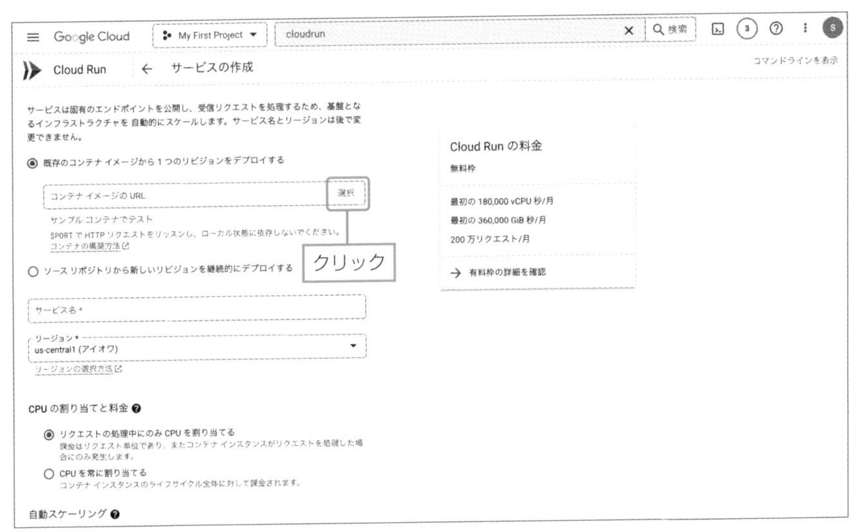

▲図17.25：「コンテナイメージのURL」横の「選択」をクリック

CONTAINER REGISTRYのタブを選択し（図17.26❶）、先ほどアップロードしたdemo-appのハッシュ値に対応しているコンテナイメージをクリックした状態で、「選択」をクリックします（図17.26❷）。

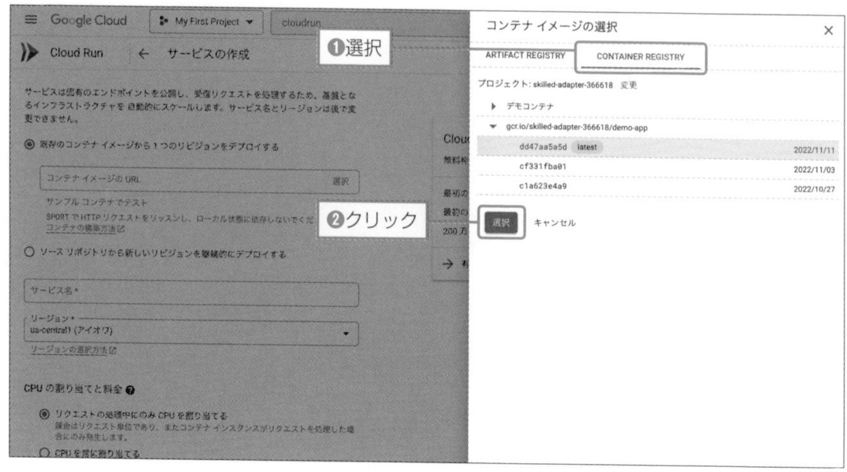

▲図17.26：コンテナイメージの選択画面

「サービスの作成」の画面では、以下の情報を入力します（図17.27❶）。

- サービス名
  - demo-app
- リージョン
  - asia-northeast1（東京）
- 認証
  - 未認証の呼び出しを許可にチェック
- コンテナ
  - コンテナポート
    - 8000
  - 環境変数
    - DB_USER: root
    - DB_PASSWORD:（Cloud SQLでデータベースの作成時に控えておいたパスワード）
    - DB_HOST:（Cloud SQLのデータベースのプライベートIPアドレス）

ここで、DB_HOSTにはCloud SQLで表示されているプライベートIPアドレスを入力します。Cloud SQLのダッシュボードに移動し、demo-dbインスタンスを開いた際に、「このインスタンスとの接続」という欄に表示があります(図17.28)。

この時点ではまだ「作成」をクリックしません。

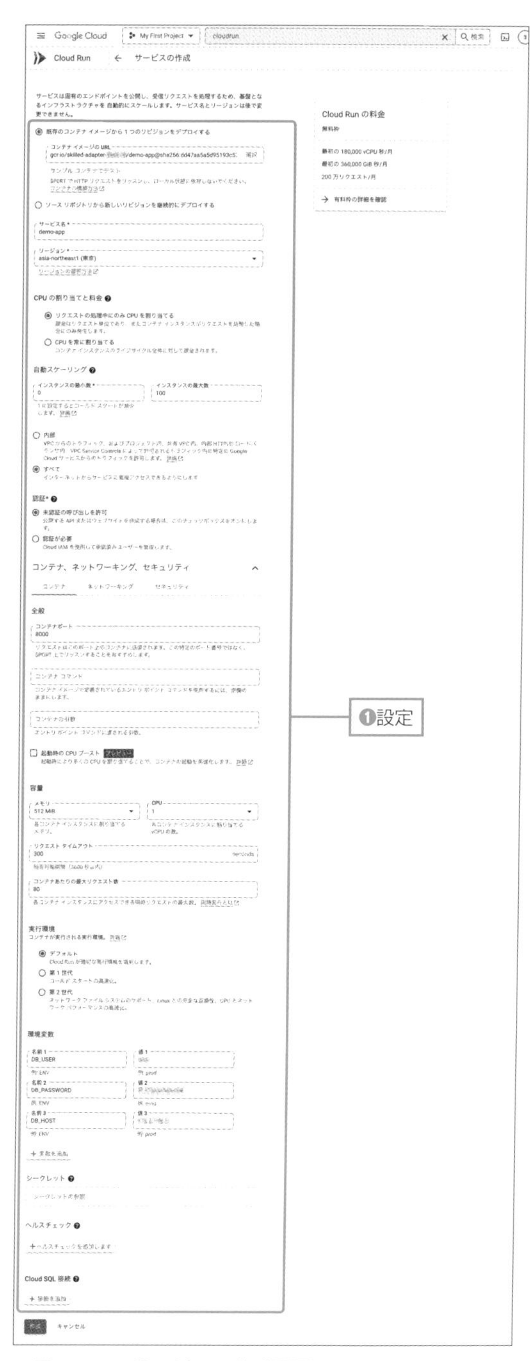

▲図17.27：サービスの作成画面

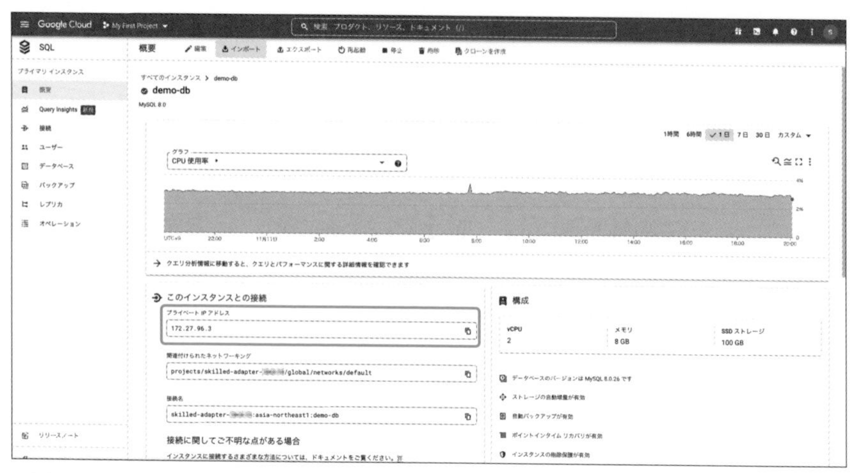

▲図17.28：Cloud SQLのダッシュボードからプライベートIPアドレスを確認

次に、「コンテナ、ネットワーキング、セキュリティ」のセクションのタブを、「ネットワーキング」に切り替えます（図17.29❶）。

ここでVPCから、ネットワークの項目として、先ほど作成したサーバーレスVPCコネクタ「default（このプロジェクト内）：サーバーレスVPCアクセスコネクタ「demo-db-connector」を選択します（図17.29❷）。

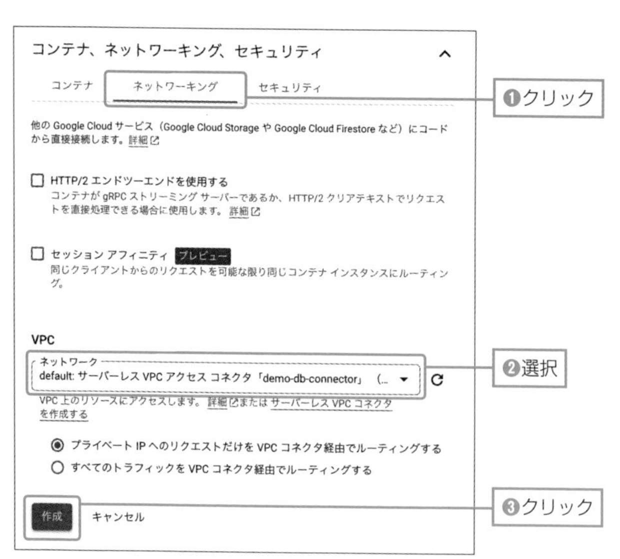

▲図17.29：タブを「ネットワーキング」に切り替え

ここまでで設定は完了です。「作成」をクリックします（図17.29❸）。

サービスの作成には数分かかります。

無事サービスが作成されると、Cloud Runのダッシュボードのうち、「demo-app」のサービスの横に緑色のチェックマークが付きます（図17.30❶）。

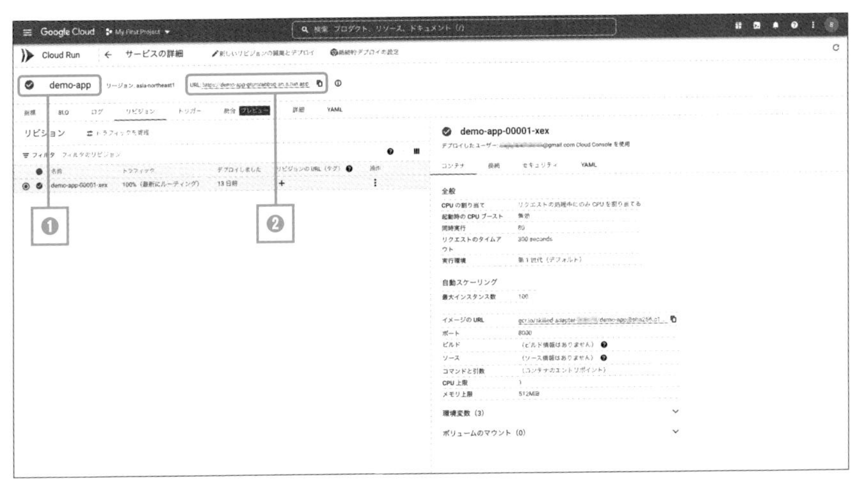

▲図17.30：サービスの作成完了を確認

成功、失敗に関わらず、デプロイの状況はイベントログやデプロイログより参照できます。

また、FastAPIのログは「ログ」のタブで確認できます（図17.31）。

▲図17.31：ログの確認画面

デプロイされたFastAPIアプリケーションは、demo-appのダッシュボード上部に表示されているURLより確認できます（図17.30❷）。

デフォルトドメインのURLの後ろに`/docs`を付加してブラウザアクセスすると、ローカルで起動した際と同様Swagger UIが確認できます。

`GET /tasks`を実行した際に、HTTPステータスとして200が返却されればDBとの疎通も問題ないことが確認できます（図17.32）。

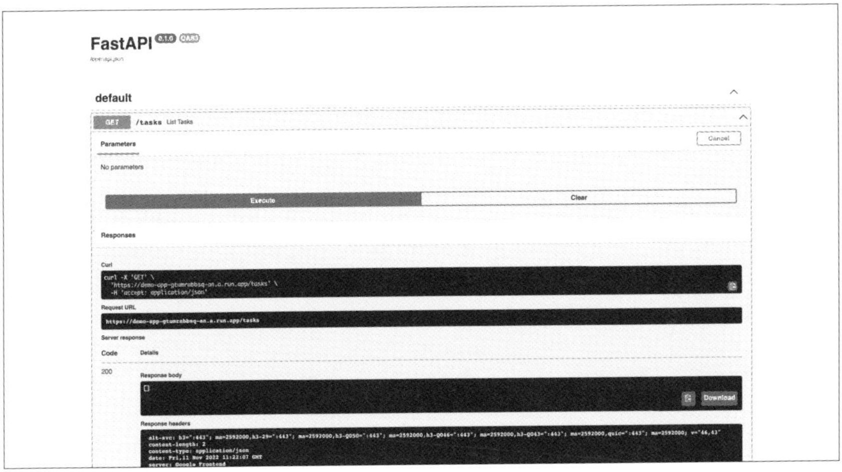

▲図17.32：Swagger UIでの動作確認

P06 まとめ

第17章では以下のことを解説しました。

- GCPへのデプロイの概要
- GCPアカウントの作成
- データベースの準備：Cloud SQLにMySQLサービスの作成
- コンテナイメージをアップロード：GCRの利用
- コンテナの起動：Cloud Runの設定と起動

INDEX

数字

A/B/C

D/E/F

G/H/I

J/K/L

M/N/O

P/Q/R

S/T/U

V/W/X/Y/Z

あ

か

さ

た

な

は

PROFILE

著者プロフィール

- 中村 翔(なかむら・しょう)

  株式会社sustenキャピタル・マネジメント取締役Co-Founder。2019年の創業以来、主にPython（FastAPI）にて資産運用サービス「SUSTEN」の開発を行う。

  楽天にて検索エンジンプラットフォームの内製開発、機械学習を用いた検索精度改善、推薦システムやドローンの研究開発に従事したのち現職。

  東京大学大学院工学系研究科航空宇宙工学専攻修了（修士）。

装丁・本文デザイン　森 裕昌
本文イラスト　オフィスシバチャン
カバーイラスト　iStock.com/TarikVision
編集・DTP　株式会社シンクス
校正協力　佐藤 弘文
検証協力　村上 俊一

動かして学ぶ！Python（パイソン） FastAPI（ファストエーピーアイ） 開発入門

2023年 6月14日 初版第1刷発行

著 者　中村 翔（なかむら・しょう）
発行人　佐々木 幹夫
発行所　株式会社翔泳社（https://www.shoeisha.co.jp）
印刷・製本　株式会社ワコー

ISBN978-4-7981-7722-9
Printed in Japan